W0179696

Karl-Heinz Hellwich

Chemische Nomenklatur

Die systematische Benennung
organisch-chemischer Verbindungen

Karl-Heinz Hellwich

Chemische Nomenklatur

Die systematische Benennung
organisch-chemischer Verbindungen

**Ein Lehrbuch für
Pharmazie- und Chemiestudenten**

2., überarbeitete Auflage

Govi-Verlag

Pharmazeutischer Verlag GmbH

Die Wiedergabe von Gebrauchsnamen, Handelsnamen, Warenbezeichnungen usw. in diesem Buch berechtigt auch ohne besondere Kennzeichnung nicht zu der Annahme, daß solche Namen im Sinne der Warenzeichen- und Warenschutzgesetzgebung als frei zu betrachten wären und daher von jedermann benutzt werden dürfen.

Die Deutsche Bibliothek – CIP-Einheitsaufnahme

Hellwich, Karl-Heinz:
Chemische Nomenklatur : die systematische Benennung organisch-chemischer
Verbindungen / Karl-Heinz Hellwich. - 2., überarb. Aufl.. - Eschborn :
Govi-Verl., 2000
  ISBN 3-7741-0815-3

ISBN 3-7741-0815-3
© 1998 Govi-Verlag Pharmazeutischer Verlag GmbH Eschborn

Alle Rechte, insbesondere das Recht der Vervielfältigung und Verbreitung sowie der Übersetzung, vorbehalten. Kein Teil des Werkes darf in irgendeiner Form (durch Fotokopie, Mikrofilm oder ein anderes Verfahren) ohne schriftliche Genehmigung des Verlages reproduziert werden oder unter Verwendung elektronischer Systeme verarbeitet, vervielfältigt oder verbreitet werden.

Druck und Verarbeitung: Lengericher Handelsdruckerei, 49525 Lengerich/Westfalen

Printed in Germany

Vorwort

Die meisten Kollegen und Wissenschaftler angrenzender Disziplinen, die ich kenne, stehen der chemischen Nomenklatur gleichgültig gegenüber oder haben gar eine starke Abneigung dagegen. Eine Ursache dafür stellt sicher der Mangel an entsprechenden systematischen Einführungen in den Anfangssemestern der Studiengänge dar. Es ist schon bezeichnend, daß im Pharmaziestudium die chemische Nomenklatur von Gesetzes wegen zum Pflichtfach gehört, während meines Chemiestudiums jedoch nur einzelne Aspekte davon vermittelt wurden, die zudem teilweise falsch oder bereits überholt waren.

Dabei stellt die chemische Nomenklatur, d. h. die eindeutige und korrekte Benennung chemischer Verbindungen, die Voraussetzung dafür dar, sich über das Fachgebiet zu verständigen, dem Kollegen oder dem Wissenschaftler anderer Disziplinen mitzuteilen, über welche Verbindung man gerade etwas Wichtiges zu sagen oder zu schreiben hat.

Das vorliegende Buch entstand aus dem Wunsch heraus, den Studierenden nicht nur mündlich die Grundlagen der chemischen Nomenklatur vermitteln zu wollen und nicht in jedem Semester erneut sagen zu müssen, daß sie den Inhalt des Seminars nur schwerlich nachlesen können (obgleich sich die Situation zwischenzeitlich gebessert hat).

Bei der Konzeption des Buches wurde ein neuartiges didaktisches Konzept verfolgt: Dem einspaltigen Text werden in einer zweiten Spalte passende Formelbeispiele unmittelbar zur Seite gestellt. Studierende können das nomenklatorische Regelwerk somit Satz für Satz am Beispiel nachvollziehen, wodurch sich der Lehrstoff auch dem Anfänger leicht erschließt.

Darüber hinaus soll das Buch dem in der Praxis stehenden Wissenschaftler als Anleitung dienen, einen systematischen Namen für eine Verbindung korrekt zu entwickeln. Schließlich wird es Chemielehrern empfohlen, damit bereits im Chemieunterricht der Schulen die aktuellen und richtigen Regeln Verwendung finden.

Bei der Fülle des heutigen Wissens kann das Gebiet der chemischen Nomenklatur hier verständlicherweise nicht vollständig abgehandelt werden. Um dem Anspruch an ein Lehrbuch gerecht werden zu können, ohne den Rahmen eines bezahlbaren Buches zu sprengen, mußte folglich eine Auswahl getroffen werden. Sollte der Leser daher spezielle Probleme mit Hilfe dieses Buches nicht lösen können, sei er auf die umfangreiche aktuelle Literaturliste im Anhang verwiesen.

Mein Dank gilt in erster Linie den derzeitigen und ehemaligen Studierenden der Pharmazie in Frankfurt und Jena, die durch ihre kritischen Fragen und Anmerkungen immer wieder Anlaß zu Verbesserungen am Konzept gegeben haben. Etliche der von ihnen konstruierten Beispiele haben Eingang in dieses Buch gefunden. Ferner bin ich Frau G. Kruse,

Heidelberg, Herrn Dr. W. Liebscher, Berlin, und Herrn Dr. G. P. Moss, London, für interessante Diskussionen und Hinweise dankbar. Schließlich danke ich auch dem Govi-Verlag, und hier im besonderen den Herren Dr. A. Helmstädter und J. Seifert.

Offenbach am Main, im Januar 1998 *Karl-Heinz Hellwich*

Vorwort zur zweiten Auflage

Der schnelle Erfolg der ersten Auflage des vorliegenden Buches ermöglichte bereits nach nur kurzer Zeit die Herausgabe einer überarbeiteten zweiten Auflage. Dies bot die Gelegenheit, nicht nur die wenigen notwendigen Korrekturen und einige kleinere Ergänzungen (z. B. im Abschnitt über Amide) vorzunehmen, sondern auch rasch auf die zwischenzeitlichen aktuellen Entwicklungen in der chemischen Nomenklatur zu reagieren. Für diese nicht selbstverständliche Möglichkeit danke ich dem Govi-Verlag außerordentlich.

So wurde der durch die schnelle Entwicklung der Chemie und die Entdeckung immer komplizierterer Naturstoffe wie z. B. Vancomycin und Teicoplanin bedingten zunehmenden Bedeutung der Cyclophane durch Aufnahme eines neuen Kapitels zur Phannomenklatur Rechnung getragen. Ferner wurden wesentliche Abschnitte des 4. und 6. Kapitels (von-Baeyer-Nomenklatur und Spiroverbindungen) überarbeitet, um sie den neuen IUPAC-Empfehlungen von 1999 anzupassen.

Für Verbesserungsvorschläge aus der Leserschaft, aus der zuerst die Studierenden der Pharmazie in Jena und Frankfurt sowie eine Reihe von Kollegen, im besonderen aber Frau G. Kruse, Heidelberg, und Dr. W. Liebscher, Berlin, zu nennen sind, danke ich ganz herzlich. Ferner danke ich Frau M. Ringwelski vom ABDATA Pharma-Daten-Service für bereitwillige Auskünfte.

Offenbach am Main, im Dezember 2001 *Karl-Heinz Hellwich*

Inhaltsverzeichnis

Einleitung

Chemische Nomenklatur ist eine Kunstsprache, in der es wie in jeder natürlichen Sprache gewisse Grammatikregeln gibt. Diese bestimmen beispielsweise, wie Punkt, Komma, Bindestriche oder verschiedene Arten von Klammern verwendet werden. Andere Regeln legen die Bedeutung und die Reihenfolge unterschiedlicher Vor- und Nachsilben in einem Namen fest.

Auf dieser Grundlage gebildete systematische Namen mögen komplex sein und fremdartig klingen. In jedem Fall enthalten sie im Gegensatz zu so wohlklingenden Trivialnamen wie Rosenoxid, Jasmon, Vanillin usw. in der Regel keine Informationen über die Eigenschaften einer Verbindung. Ziel der chemischen Nomenklatur als Fachsprache ist es jedoch in erster Linie, eine Verbindung durch ihren Namen eindeutig zu identifizieren. Schon früh wurde erkannt, daß dies bei der rasch zunehmenden Zahl bekannter Verbindungen einfacher ist, wenn ihre Namen etwas über ihre Zusammensetzung und Struktur aussagen und der Gebrauch von Trivialnamen eingeschränkt wird. Ziemlich schnell zeigte sich auch, daß nur eine international einheitlich anerkannte Nomenklatur sinnvoll ist, wenn der Austausch in den Wissenschaften über Sprachgrenzen hinweg gewährleistet werden soll. So kam es bereits 1892 in Genf zur ersten internationalen Konferenz über Nomenklatur, auf der der Grundstein für das heutige System der organisch-chemischen Nomenklatur gelegt wurde. In der Folge übernahm die 1919 gegründete IUPAC (International Union of Pure and Applied Chemistry, Internationale Union für Reine und Angewandte Chemie, mit heute 44 Mitglieds- und 20 Beobachterstaaten) mit anfangs einer und später mehreren Kommissionen die weitere Entwicklung und Vereinheitlichung der Fachsprache der Chemie. Die Übersetzung der von der IUPAC in Englisch als der internationalen Wissenschaftssprache aufgestellten Regeln und deren Anpassung an die deutsche Sprache wird vom Deutschen Zentralausschuß für Chemie vorgenommen.

Wie in einer natürlichen Sprache ändern sich auch in der Kunstsprache Nomenklatur im Laufe der Jahre einzelne Regeln, die Rechtschreibung und mitunter auch das Vokabular, weil sie sich den veränderten und erweiterten Bedürfnissen der Benutzer anpassen müssen. Die auffälligste Änderung der letzten Jahre war im deutschsprachigen Bereich die weitestgehende Abschaffung der Umlaute aus der systematischen chemischen Nomenklatur. Dahinter stand der Gedanke der internationalen Vereinheitlichung. So heißt es heute nicht mehr Äthan und Äthyl- sondern Ethan und Ethyl-, woran man sich wegen des häufigen Vorkommens inzwischen gewöhnt hat. Daß es gleichermaßen heute Estran (statt Östran) heißen sollte und entsprechend in davon abgeleiteten Verbindungen, hat sich dagegen noch nicht allgemein durchgesetzt.

Auch die gleichfalls bereits vor mehr als 25 Jahren eingeführte Schreibweise von Iod gegenüber dem früheren Jod, das seitdem auch durch ein I im Periodensystem repräsentiert wird (früher J), ist noch nicht allgemein bekannt.

Ebenfalls in den siebziger Jahren wurde von der IUPAC festgelegt und vom Deutschen Zentralausschuß für Chemie übernommen, daß Verbindungen aus der Gruppe der Steroide und anderer Naturstoffe stets die Endung tragen sollen, die ihnen in einem systematischen Namen auch zukäme. So heißt es heute etwa Cholesterol (früher Cholesterin), um damit zu zeigen, daß diese Verbindung eine Hydroxygruppe als ranghöchste funktionelle Gruppe enthält.

Umgekehrt kann die Endung -ol im Falle der aromatischen Kohlenwasserstoffe Benzol, Toluol usw. zu Fehlinterpretationen führen, denn sie enthalten keine Hydroxygruppe. Während man daher in der früheren DDR mit Nachdruck die Namen in Benzen, Toluen usw. änderte, war man in den übrigen deutschsprachigen Ländern etwas zögerlicher, so daß erst in dem 1990 herausgekommenen Regelwerk jeweils beide Namen als gleichwertige Alternativen vorgeschlagen wurden. Durch die Trägheit der Benutzer wurde folglich die beabsichtigte Vereinheitlichung in der Praxis bisher noch nicht erreicht. Dennoch werden wir gerade in Zeiten des zunehmenden Einsatzes von Computern nicht umhinkommen, uns auf Dauer auch an diese Änderung zu gewöhnen, die schließlich sinnvoll ist, weil dadurch die systematische Nomenklatur – auch im internationalen Kontext – verständlicher wird.

Eine weitere aktuell vorgenommene Vereinheitlichung betrifft die Stellung der Lokanten in einem Namen. Ein Lokant ist eine Nummer (meist eine Ziffer, in seltenen Fällen auch ein Buchstabe), die die Position einer Struktureinheit innerhalb einer Verbindung angibt und sich aus der Numerierung ihrer Atome ableitet.

Bis vor kurzem war z. B. neben But-1-en auch 1-Buten zugelassen. Außerdem war früher Buten-(1) gebräuchlich. Heute gilt jedoch die Regel, daß ein Lokant prinzipiell direkt vor dem Teil des Namens steht, dessen Lage in der Verbindung er bezeichnet. Wenn der Lokant die Lage einer Doppelbindung angibt, steht er also direkt vor der Silbe -en. Dabei entstehen zwar oft Namen, die sich kaum noch aussprechen lassen, bei komplizierteren Verbindungen, zu deren Benennung man mehrere Nachsilben benötigt, werden die Namen dadurch jedoch viel übersichtlicher.

Durch die Bemühungen der IUPAC und ihrer Mitgliedsorganisationen sind wir dem Ziel einer international einheitlichen Nomenklatur schon sehr nahe gekommen. Leider halten sich gerade die großen Referateorgane der Chemie, die Chemical Abstracts (C. A.) und der Beilstein, aus den verschiedensten Gründen nicht in vollem Umfang an die IUPAC-Nomenklatur. Auf Unterschiede wird in einzelnen Fällen hingewiesen werden. Wenn Beispiele für Chemical-Abstracts-Namen angegeben werden, geschieht das jedoch in englischer Sprache, da es eine deutsche Übertragung der Chemical-Abstracts-Nomenklatur nicht gibt. Die einzige in deutscher Sprache gültige Nomenklatur ist, seit auch der Beilstein in englischer Sprache erscheint, die offizielle Übertragung der IUPAC-Regeln.

In der Pharmazie ist daneben ein Katalog von Kurzbezeichnungen in Gebrauch, da die meisten systematischen Namen schon allein wegen ihrer Länge sehr unhandlich sind. An ihre Stelle treten zur eindeutigen Identifizierung arzneilich verwendeter Stoffe die INN (**I**nternational **N**onproprietary **N**ames, Internationale Freinamen), die von der Weltgesundheitsorganisation (WHO) gemäß hier nicht näher vorgestellter Richtlinien entwickelt werden. Nach einem Offenlegungsverfahren werden die vorgeschlagenen Freinamen (INNv, pINN), wenn keine Einwände erhoben wurden, als gültige INN (rINN) veröffentlicht. Handelte es sich dabei ursprünglich um aus dem chemischen Namen abgeleitete Kurzbezeichnungen, so ist es heute doch besser, die korrekte Übersetzung »Internationaler Freiname« für die INN zu verwenden, denn längst beruhen die Richtlinien zu ihrer Bildung nicht mehr vorrangig auf der chemischen Struktur einer Verbindung, sondern berücksichtigen auch pharmakologische Aspekte.

Der Wert der INN entsteht allerdings erst durch ein regelmäßig aktualisiertes Verzeichnis, in dem jedem INN wieder ein systematischer Name oder eine eindeutige Formel zugeordnet werden. Dabei werden von der WHO die von der IUPAC entwickelten Regeln jedoch nur unzureichend berücksichtigt.

In diesem Buch werden zu Formeln von Arzneistoffen auch die INN genannt, wobei in der Regel nicht angegeben wird, ob sich dahinter, wenn es Stereoisomere gibt, ein einziges oder ein Gemisch von mehreren Stereoisomeren verbirgt. Das soll nicht darüber hinwegtäuschen, daß alle chemischen Verbindungen eine dreidimensionale räumliche Struktur haben und die sich daraus ergebenden stereochemischen Konsequenzen gerade in der Pharmazie äußerst wichtig sind. Da Stereoisomere in der Regel jedoch nur durch einen Zusatz zu ihren identischen systematischen Namen unterschieden werden, enthalten die meisten Formeln in diesem Buch keine stereochemische Information. Lediglich im Anschluß an das Kapitel über den Aufbau eines systematischen Namens werden stereochemische Aspekte in dem Umfang angesprochen, wie es zur korrekten Einordnung der Stereodeskriptoren in einen Namen erforderlich ist (s. Kapitel 13). Für nähere Einzelheiten sollten die Standardwerke der Stereochemie herangezogen werden.

Bevor im folgenden die detaillierten Regeln zur Benennung chemischer Verbindungen behandelt werden, müssen noch einige Vereinbarungen zur Formeldarstellung getroffen werden, damit jede Formel eindeutig nur für die zu beschreibende Verbindung steht. Nimmt man das Beispiel Pentan, so kann dessen Summenformel C_5H_{12} auch für Isopentan oder Neopentan stehen. Um sich beim Ausschreiben der Kette viel Schreibarbeit zu sparen, wurde eine Formelkurzschreibweise eingeführt, bei der weder Kohlenstoff- noch Wasserstoffatome ausgeschrieben werden. Es wird lediglich das Grundgerüst der Kette oder verzweigten Kette durch Striche dargestellt. Für Pentan erhält man also eine Kette aus vier Strichen. In dieser für den Anfänger gewöhnungsbedürftigen, in größeren Formeln jedoch sehr viel übersichtlicheren Zick-Zack-Schreibweise bedeuten jeder Winkel, jeder Abzweigungspunkt, also auch jeder Kreuzungspunkt, und jedes Ende einer Linie ein Kohlenstoffatom, das, soweit nicht anders angegeben, mit Wasserstoff abgesättigt ist. Diese Zick-Zack-Schreibweise ist (wie der Name

$$H_3C-CH_2-CH_2-CH_2-CH_3$$

Pentan oder *n*-Pentan

$$\begin{array}{c} H_3C \\ \diagdown \\ H_3C \end{array}CH-CH_2-CH_3$$

Isopentan

$$H_3C-\underset{\underset{\displaystyle CH_3}{|}}{\overset{\overset{\displaystyle CH_3}{|}}{C}}-CH_3$$

Neopentan

Pentan

schon sagt) nur dann anwendbar, wenn mindestens ein Winkel entsteht. Es ist natürlich erlaubt, wo das zur Verdeutlichung sinnvoll ist, die Wasserstoffatome zu ergänzen. Will man dagegen die Atomsymbole der Kohlenstoffatome des Gerüstes ausschreiben, gilt es zu beachten, daß Kohlenstoff vierbindig ist und daher in der Formel alle vier an das Kohlenstoffatom gebundenen Gruppen definiert werden müssen. Formel **1** zeigt also keine definierte Schreibweise. Sie ist auch nicht eindeutig, denn Kohlenstoff kann zweibindig sein (was man aber besonders kenntlich machen sollte, indem man die freien Elektronen wie etwa in Dichlorcarben in der Formel angibt). Daher müssen die Wasserstoffatome der CH_2-Gruppe ausgeschrieben werden. Dazu reicht es nicht, wie in Vorlesungen weit verbreitet, ein H-Atom durch einen Strich anzugeben (Formel **2**). Das wäre ebenfalls nicht eindeutig, denn mit dem in Formel **1** bereits am ausgeschriebenen C-Atom befindlichen Strich soll eine Methylgruppe gemeint sein. Noch weiter verbreitet ist es jedoch, einen solchen Strich als freie Valenz zu interpretieren. Deshalb ist auch Formel **3** nicht eindeutig. Da die Definition eines Striches als freie Valenz sich jedoch nicht in die Zick-Zack-Schreibweise übertragen läßt, wurde die Schreibweise mit einer Wellenlinie senkrecht zur Bindungslinie eingeführt und kürzlich von der IUPAC in diesem Sinne ratifiziert. Will man also an einem ausgeschriebenen Atomsymbol, sei es ein C-Atom oder auch ein beliebiges Heteroatom, eine Methylgruppe angeben, so schreibe man CH_3, meint man Wasserstoff, so schreibe man H und für die freie Valenz schreibe man die Wellenlinie quer zur Bindung. Die Kombination von ausgeschriebenen Atomsymbolen mit der

Pentan

1   **2**

3

Pentan

Dichlormethylen oder Dichlorcarben

nicht eindeutig   Piperidin

1-Methylpiperidin   Piperidino
oder 1-Piperidyl
(oder Piperdin-1-yl)

Zick-Zack-Schreibweise ist, wie oben schon einmal in anderem Zusammenhang erwähnt, nur dann möglich, wenn mindestens ein Winkel erhalten bleibt.

1 Kettenförmige Kohlenwasserstoffe

1.1 Unverzweigte kettenförmige Kohlenwasserstoffe

Kohlenwasserstoffe sind Verbindungen, die nur aus Kohlenstoff und Wasserstoff aufgebaut sind. Die vollständig gesättigten offenkettigen Verbindungen, die nur Einfachbindungen aufweisen, tragen den Klassennamen Alkane und besitzen die allgemeine Formel C_nH_{2n+2}. Die ersten vier Glieder dieser Verbindungsklasse haben Trivialnamen und heißen Methan, Ethan, Propan und Butan. Verbindungen mit längeren Ketten werden systematisch benannt, indem einem aus einem griechischen oder lateinischen Zahlwort abgeleiteten Stammnamen (s. Tabelle 1), der die Zahl der Kohlenstoffatome in der Kette angibt, die Endung -an angefügt wird.

CH_4
Methan

C_2H_6
Ethan

C_3H_8
Propan

C_4H_{10}
Butan

C_5H_{12}
Pentan

C_8H_{18}
Octan

$C_{10}H_{22}$
Decan

$C_{11}H_{24}$
Undecan

$C_{12}H_{26}$
Dodecan

$C_{13}H_{28}$
Tridecan

$C_{19}H_{40}$
Nonadecan

$C_{20}H_{42}$
Icosan

$C_{21}H_{44}$
Henicosan

Tabelle 1: Einfache Zahlsilben (numerische oder multiplikative Präfixe)

1 hen-[a]	10 deca-		100 hecta-		1000 kilia-		
2 do-/di-[b]	20 (i)cosa-[c]		200 dicta-		2000 dilia-		
3 tri-	30 tria		300 tri		3000 tri		
4 tetra-	40 tetra		400 tetra	cta-	4000 tetra		lia-
5 penta-	50 penta	conta-	500 penta		.	.	
6 hexa-	60 hexa		600 hexa		.	.	
7 hepta-	70 hepta		.	.	.	.	
8 octa-	80 octa		.	.	.	.	
9 nona-	90 nona		.	.	.	.	

[a] Eine Ausnahme gibt es im numerischen Präfix für die Zahl 11. Es lautet Undeca-. Wenn das numerische Präfix für die Zahl 1 allein benötigt wird, heißt es Mono-.
[b] Das numerische Präfix für die Zahl 2 lautet Do- in zusammengesetzten numerischen Präfixen. Wenn es allein steht, heißt es Di-. (Als Ausnahme von dieser Regel können die Bezeichnungen Dicta- und Dilia- angesehen werden.)
[c] Das numerische Präfix für die Zahl 20 heißt Icosa- und wird zu cosa- verkürzt, wenn ihm in zusammengesetzten numerischen Präfixen ein numerisches Präfix vorausgeht, das mit einem Vokal endet. (Die Chemical Abstracts verwenden eicosa- statt icosa-. Beilstein verwendete im gedruckten Handbuch ebenfalls eicosa-.)

Im einzelnen verfährt man zur Bildung der Namen von Kohlenwasserstoffen mit Hilfe von Tabelle 1 folgendermaßen: Man schreibe zuerst die Zahlsilbe für die Einer, hänge daran sofern erforderlich die für die Zehner an, fahre dann mit denen für die Hunderter und Tausender fort und füge zuletzt die Endung -an an. Zur Vermeidung von Vokaldoppelungen wird dabei das Schluß-a des Stammes vor der Endung -an weggelassen. Ebenso entfällt das i von Icosa-, wenn in einem zusammengesetzten Zahlwort ein numerisches Präfix vorausgeht, das mit einem Vokal endet.

Mit Hilfe von Tabelle 1 können heute zwar Stammnamen (bzw. multiplikative Präfixe) für Zahlen bis 9999 ausgedrückt werden. In der Praxis spielen jedoch numerische Präfixe für Zahlen größer als zwanzig eine sehr untergeordnete Rolle.

Offenkettige Verbindungen, die eine C-C-Doppelbindung (C=C) besitzen, heißen Alkene und haben die allgemeine Summenformel C_nH_{2n}. Analog nennt man Verbindungen der allgemeinen Summenformel C_nH_{2n-2}, die eine C-C-Dreifachbindung (C≡C) aufweisen, Alkine. Ihre Namen werden gebildet, indem an den Namen des Stammes, der die Anzahl der Kohlenstoffatome in der Kette ausdrückt, die Endung -en für die Doppelbindung bzw. -in für die Dreifachbindung angefügt wird. Für Ketten mit zwei bis vier Kohlenstoffatomen übernehmen die Bezeichnungen Etha-, Propa- und Buta- die Funktion des Stammes. Zur Vermeidung von Vokaldoppelungen wird auch vor den Endungen -en bzw. -in das Schluß-a des Stammes weggelassen.

Im Falle von Ethen, Ethin, Propen und Propin sind die Namen eindeutig. Für

$C_{22}H_{46}$
Docosan

$C_{26}H_{54}$
Hexacosan

$C_{30}H_{62}$
Triacontan

$C_{54}H_{110}$
Tetrapentacontan

$C_{101}H_{204}$
Henhectan

$C_{2463}H_{4928}$
Trihexacontatetractadilian

$H_2C=CH_2$
Ethen
(nicht Ethylen, vgl. S. 26)

HC≡CH
Ethin
oder
Acetylen

$H_3C-CH=CH_2$
Propen
(nicht Propylen)

$H_3C-C≡CH$
Propin

Buten und Butin lassen sich jedoch jeweils zwei Formeln schreiben, die sich lediglich in der Lage der Mehrfachbindung unterscheiden. (Berücksichtigt man auch Stereoisomere, gibt es von Buten insgesamt drei Isomere. Hier, wie im weiteren Verlauf dieses Buches, werden jedoch, soweit nicht anders angegeben, nur Konstitutionsisomere berücksichtigt.) Zur eindeutigen Kennzeichnung der Lage der Mehrfachbindung wird die Kohlenstoffkette beziffert. Die Nummer des niedriger bezifferten Kohlenstoffatoms, von dem die Doppelbindung ausgeht, fügt man als Lokanten durch Bindestriche vom Text getrennt vor der Endung -en ein. So erhält man die Namen But-1-en für die Verbindung mit endständiger Doppelbindung und But-2-en für die Verbindung, bei der die Doppelbindung in der Mitte des Moleküls liegt.

Als Trivialname wird Acetylen (für Ethin) beibehalten. Die früher gebräuchliche Bezeichnung Ethylen für Ethen ist nicht mehr zulässig, da der Name Ethylen in der systematischen Nomenklatur mit anderer Bedeutung belegt ist (s. S. 26).

Verbindungen mit einer beliebigen Anzahl von Doppelbindungen werden unter der Bezeichnung Olefine zusammengefaßt. (Damit gehören die Alkene zu den Olefinen. Aromatische Verbindungen werden dagegen nicht zu den Olefinen gezählt.) Als Trivialname bleibt Allen erhalten. Im systematischen Namen einer Verbindung wird die Anzahl der Doppelbindungen dadurch ausgedrückt, daß man der Endung -en ein multiplikatives (vervielfachendes) Präfix voranstellt, das, wie schon die Stammnamen, aus Tabelle 1 entnommen werden kann. So erhält man die Endungen -dien, -trien, -tetraen usw. Im Gegensatz zum Schluß-a des Stammes

$$\overset{4}{H_3C}-\overset{3}{CH_2}-\overset{2}{CH}=\overset{1}{CH_2}$$

But-1-en

$$\overset{1}{H_3C}-\overset{2}{CH}=\overset{3}{CH}-\overset{4}{CH_3}$$

But-2-en

$$\overset{1}{H_3C}-\overset{2}{CH_2}-\overset{3}{CH}=\overset{4}{CH}-\overset{5}{CH_2}-\overset{6}{CH_3}$$

Hex-3-en

$$\overset{8}{H_3C}-\overset{7}{CH_2}-\overset{6}{CH_2}-\overset{5}{CH_2}-\overset{4}{CH_2}-\overset{3}{CH_2}-\overset{2}{C}\equiv\overset{1}{CH}$$

Oct-1-in

$$H_2C=C=CH_2$$

Allen
(Propadien)

$$\overset{5}{H_2C}=\overset{4}{CH}-\overset{3}{CH_2}-\overset{2}{CH}=\overset{1}{CH_2}$$

Penta-1,4-dien

$$\overset{1}{H_3C}-\overset{2}{CH}=\overset{3}{CH}-\overset{4}{CH}=\overset{5}{CH}-\overset{6}{CH}=\overset{7}{CH}-\overset{8}{CH_3}$$

Octa-2,4,6-trien

bleibt der Schlußvokal eines multiplikativen Präfixes, das die Anzahl der Doppelbindungen angibt, vor der Endung -en erhalten. (Man beachte außerdem, daß nun das Schluß-a eines Stammnamens nicht entfällt, wenn die zusammengesetzte Endung nicht mit einem Vokal beginnt.) Die Lokanten für die Doppelbindungen werden in aufsteigender Reihenfolge, voneinander durch Komma getrennt, zwischen dem Stamm und der (zusammengesetzten) Endung eingefügt. Analog verfährt man bei Verbindungen mit mehreren Dreifachbindungen.

Bestehen dabei unterschiedliche Möglichkeiten der Festlegung der Lokanten für die Mehrfachbindungen, erfolgt die Bezifferung der Kohlenstoffkette so, daß möglichst niedrige Lokanten für die Mehrfachbindungen resultieren.

Ein verbreiteter Irrtum ist, daß dabei der Lokantensatz gewählt wird, dessen Summe niedriger ist. Generell wird zur Auswahl des niedrigsten Lokantensatzes jedoch so verfahren, daß die zur Wahl stehenden Lokantensätze Schritt für Schritt miteinander verglichen werden, bis eine Entscheidung fällt. Man vergleicht also die jeweils niedrigsten Lokanten, dann die jeweils zweitniedrigsten usw. Bei dem nebenstehenden Beispiel Deca-1,6,7,8-tetraen werden also die Lokantensätze

$$1,6,7,8$$
und $$2,3,4,9$$

miteinander verglichen. Da 1 niedriger ist als 2, ist ein Vergleich der übrigen Lokanten aus diesen beiden Sätzen nicht mehr notwendig. (Wenn man dagegen aus jedem Lokantensatz die Summe der Lokanten bildet und als Entscheidungskriterium wählt, gelangt man zu einem falschen Namen.)

$$H_2C=C=C=C=C=CH_2$$

Hexapentaen
(nicht Hexapenten)

$$\overset{1}{H}C\overset{2}{\equiv}\overset{3}{C}-CH_2-[CH_2]_5-CH_2-\overset{9}{C}\overset{10}{\equiv}\overset{11}{C}-\overset{12}{CH_3}$$

Dodeca-1,10-diin

$$\overset{1}{H_2}C=\overset{2}{CH}-\overset{3}{CH}=\overset{4}{CH}-\overset{5}{CH_3}$$

Penta-1,3-dien
(nicht Penta-2,4-dien)

$$\overset{1}{H_2}C=\overset{2}{CH}-\overset{3}{CH_2}-\overset{4}{CH_2}-\overset{5}{CH_2}-\overset{6}{CH}=\overset{7}{C}=\overset{8}{C}=\overset{9}{CH}-\overset{10}{CH_3}$$

Deca-1,6,7,8-tetraen
(nicht Deca-2,3,4,9-tetraen)

Kommen in einer ungesättigten Verbindung sowohl Doppel- als auch Dreifachbindungen vor, werden im Namen im Anschluß an den Stamm zuerst die Endung -en und dann die Endung -in zusammen mit den jeweils notwendigen multiplikativen Präfixen genannt. Zur Festlegung der notwendigen Lokanten wird die Kette so beziffert, daß der niedrigstmögliche Lokantensatz für alle Mehrfachbindungen gemeinsam erhalten wird. Bestehen dann noch unterscheidbare Alternativen, betrachtet man die betreffenden Lokantensätze für die Doppelbindungen allein.

$$\overset{1}{H_2}C=\overset{2}{CH}-\overset{3}{C}\equiv\overset{4}{C}-\overset{5}{CH_3}$$

Pent-1-en-3-in

$$\overset{1}{HC}\equiv\overset{2}{C}-\overset{3}{CH}=\overset{4}{CH}-\overset{5}{CH_3}$$

Pent-3-en-1-in
(nicht Pent-2-en-4-in, nicht Pent-1-in-3-en)

$$\overset{1}{H_2}C=\overset{2}{CH}-\overset{3}{CH_2}-\overset{4}{C}\equiv\overset{5}{CH}$$

Pent-1-en-4-in
(nicht Pent-4-en-1-in)

$$\overset{1}{HC}\equiv\overset{2}{C}-\overset{3}{C}\equiv\overset{4}{C}-\overset{5}{CH_2}-[CH_2]_4-\overset{10}{CH}=\overset{11}{CH_2}$$

Undec-10-en-1,3-diin
(nicht Undec-1-en-8,10-diin)

$$\overset{1}{H_3}C-\overset{2}{CH}=\overset{3}{CH}-\overset{4}{C}\equiv\overset{5}{C}-\overset{6}{CH_2}-\overset{7}{CH_2}-\overset{8}{CH_2}-\overset{9}{CH}=\overset{10}{CH}-\overset{11}{CH_2}-\overset{12}{CH_2}-\overset{13}{CH_3}$$

Trideca-2,9-dien-4-in

1.2 Verzweigte kettenförmige Kohlenwasserstoffe

Für die Kohlenwasserstoffe mit bis zu drei Kohlenstoffatomen läßt sich, die Kenntnis der Bindungsordnung vorausgesetzt, jeweils nur eine Formel schreiben. Für die Summenformel C_4H_{10} sind jedoch schon zwei Strukturen möglich, wenn eine Verzweigung der Kette erlaubt wird. Weil es sich bei der zweiten Verbindung um ein Isomer von Butan handelt, heißt sie Isobutan. Will man bei Butan besonders hervorheben, daß es sich um die unverzweigte Verbindung handelt (und nicht vielleicht um ein Gemisch oder eine Verbindung, deren genaue Konstitution man nicht kennt), kann man dem Namen noch ein kleines, kursiv gesetztes n (für normal [d. h. unverzweigt]) voranstellen: n-Butan. Im Falle

$$H_3C-CH_2-CH_2-CH_3$$

Butan
oder
n-Butan

$$\begin{array}{c}H_3C\\H_3C\end{array}\!\!\!>CH-CH_3$$

Isobutan

von Pentan gibt es bereits drei Isomere, die man *n*-Pentan, Isopentan und Neopentan nennt.

Die Zahl der Isomere steigt mit zunehmender Zahl der Kohlenstoffatome beträchtlich an, so daß die Zahl der benötigten Vorsilben unermeßlich würde. Daher werden alle anderen verzweigten Kohlenwasserstoffe mit Ausnahme von Isopren systematisch benannt, indem man zuerst eine unverzweigte Hauptkette festlegt, die nach den Regeln des vorausgehenden Abschnitts benannt wird. Die übrigen Kohlenstoffatome der Verbindung werden dann als Seitenketten oder als Substituenten bezeichnet, weil sie Wasserstoffatome der Hauptkette ersetzen.

Einfache Substituenten haben ein Wasserstoffatom weniger als der entsprechende Kohlenwasserstoff mit der gleichen Anzahl an Kohlenstoffatomen. Sie werden wie Radikale benannt und deshalb oft auch fälschlich als solche bezeichnet. Man sollte sich jedoch vor Augen halten, daß Radikale Verbindungen mit einem ungepaarten Elektron sind, wogegen Substituenten nur dann über eine (fiktive) freie Valenz verfügen, wenn man sie von der Stammverbindung getrennt schreibt. Dies wird auch in der Formeldarstellung deutlich. Das freie Elektron eines Radikals wird durch einen Punkt dargestellt. Die freie Valenz (Verknüpfungsstelle) eines Substituenten (auch die Ausdrücke Rest oder Gruppe statt Substituent sind akzeptabel) wird in einer Formel dadurch gekennzeichnet, daß man eine Wellenlinie senkrecht zu der betreffenden Bindung zeichnet. (Allgemein bedeutet eine Wellenlinie senkrecht zu einer endständigen Bindung in Formeln, daß nur ein Teil der Formel gezeichnet wurde.)

$H_3C-CH_2-CH_2-CH_2-CH_3$

Pentan
oder
n-Pentan

$$\begin{array}{c} H_3C \\ {\diagdown} \\ H_3C \end{array}\!\!CH-CH_2-CH_3$$

Isopentan

$$\begin{array}{c} CH_3 \\ | \\ H_3C-\overset{}{\underset{|}{C}}-CH_3 \\ CH_3 \end{array}$$

Neopentan

$$\begin{array}{c} H_2C \\ {\diagdown} \\ H_3C \end{array}\!\!C-CH=CH_2$$

Isopren

$H_3C^{\bullet}$ $H_3C{-}\!\!\!\{$

Methyl(-Radikal)   Methyl(-Substituent)

Die Namen von Substituenten werden auf eine von zwei möglichen Weisen gebildet. Die erste Möglichkeit ist nur für gesättigte Substituenten anwendbar und für diese das bevorzugte Verfahren. Dazu wird die Endung -an durch die Endung -yl ersetzt. Ein Lokant wird nicht angegeben, weil die freie Valenz bei diesem Verfahren definitionsgemäß den Lokanten 1 erhält und der Substituent von dort aus fortlaufend beziffert wird.

Beim zweiten, sehr viel allgemeiner anwendbaren Verfahren fügt man an den Namen des entsprechenden Kohlenwasserstoffs die Endung -yl an. Dieses Verfahren wurde schon bisher für ungesättigte Reste verwendet. Mit Erscheinen der IUPAC-Regeln von 1993 wurde es auch auf gesättigte Substituenten ausgedehnt. Ferner wurde bei diesem Verfahren die Bedingung aufgehoben, daß die freie Valenz des Substituenten an Position 1 lokalisiert sein muß, so daß aus Gründen der Eindeutigkeit im Gegensatz zur bisherigen Praxis der Lokant für die freie Valenz auch angegeben werden muß, wenn er 1 lautet.

Bei der Bezifferung ungesättigter Substituenten hat die freie Valenz Priorität gegenüber den Mehrfachbindungen; d. h. zuerst wird ein möglichst niedriger Lokant für die freie Valenz vergeben, bevor die Mehrfachbindungen berücksichtigt werden. Einzelne Beispiele dienen hier zur Verdeutlichung der neuen Möglichkeiten zur Bezifferung kettenförmiger Substituenten. Im weiteren Verlauf dieses Buches wird jedoch durchgängig der bisherigen Praxis folgend der freien Valenz der Seitenkette der Lokant 1 zuerteilt.

H_3C-

Methyl (Methanyl)

$\overset{3}{H_3C}-\overset{2}{CH_2}-\overset{1}{CH_2}-$

Propyl (Propan-1-yl)

$H_3C-CH_2-CH_2-CH_2-CH_2-$

Pentyl (Pentan-1-yl)

$H_3C-CH_2-CH=CH-CH_2-$

Pent-2-en-1-yl

$\overset{6}{H_3C}-\overset{5}{CH}=\overset{4}{CH}-\overset{3}{CH}=\overset{2}{CH}-\overset{1}{CH_2}-$

Hexa-2,4-dien-1-yl

$\overset{8}{H_2C}=\overset{7}{CH}-\overset{6}{CH_2}-\overset{5}{CH_2}-\overset{4}{C}\equiv\overset{3}{C}-\overset{2}{CH_2}-\overset{1}{CH_2}-$

Oct-7-en-3-in-1-yl

$\overset{5}{H_3C}-\overset{4}{CH_2}-\overset{3}{CH_2}-\overset{2}{CH}-\overset{1}{CH_3}$

Pentan-2-yl
(vgl. S. 24)

$\overset{5}{H_3C}-\overset{4}{CH}=\overset{3}{CH}-\overset{2}{CH}-\overset{1}{CH_3}$

Pent-3-en-2-yl
(nicht Pent-2-en-4-yl)

Als Trivialnamen für Substituenten mit Mehrfachbindungen bleiben Allyl (für Prop-2-enyl) und Vinyl (für Ethenyl) erhalten.

Zur Bildung des systematischen Namens eines verzweigten Kohlenwasserstoffs wird der Name des Substituenten dem Namen der Hauptkette vorangestellt. Vor dem Namen des Substituenten wird, durch Bindestrich vom Text getrennt, dessen Lokant angegeben, der sich aus der Bezifferung der Hauptkette ergibt. Wenn sich an der Hauptkette mehrere unterschiedliche Substituenten befinden, werden diese alphabetisch geordnet mit ihrem jeweiligen Lokanten dem Namen der Hauptkette vorangestellt. Kommt dabei ein Substituent mehrmals vor, wird er nicht mehrmals genannt, sondern seinem Namen wird ein aus Tabelle 1 zu entnehmendes multiplikatives Präfix vorangestellt, vor dem sich dann auch die entsprechende Anzahl von Lokanten finden muß. Die alphabetische Reihenfolge der Substituenten wird dadurch nicht mehr geändert, denn multiplikative Präfixe, die angeben, wie oft ein Substituent vorhanden ist, gehören nicht zu dessen Namen. Sie bleiben daher bei der alphabetischen Einordnung unberücksichtigt.

Ist die Bezifferung der Hauptkette noch nicht durch vorhandene Mehrfachbindungen festgelegt, wird sie so vorgenommen, daß sich der niedrigstmögliche Lokantensatz für alle Substituenten gemeinsam ergibt. Bestehen dann immer noch Wahlmöglichkeiten, erhält der alphabetisch erstgenannte Substituent einen möglichst niedrigen Lokanten (bzw. Lokantensatz, wenn er mehrfach vorkommt).

$H_2C=CH-$ **Vinyl (Ethenyl)**

$\overset{3}{H_2C}=\overset{2}{CH}-\overset{1}{CH_2}-$ **Allyl (Prop-2-enyl)**

2-Methylpentan
(nicht 4-Methylpentan)
(früher Isohexan)

3-Ethylpentan

2,3,5-Trimethylhexan
(nicht 2,4,5-Trimethylhexan)

5-Ethyl-3-methyloctan
(nicht 4-Ethyl-6-methyloctan)

3-Ethyl-2,2-dimethylhexan
(nicht 2,2-Dimethyl-3-ethylhexan)

3-Ethyl-4-methylhexan
(nicht 4-Ethyl-3-methylhexan)

3-Ethyl-2-methylpent-2-en

3-Ethyl-4-methylpent-2-en
(nicht 3-Ethyl-2-methylpent-3-en)

In komplizierter gebauten Verbindungen können natürlich auch die Seitenketten weiter verzweigt sein. Für verzweigte Seitenketten gibt es eine Reihe von beibehaltenen Semi-Trivialnamen, bei deren alphabetischer Einordnung man vorsichtig sein muß. Die zusammengeschriebenen Namen, die mit »Iso« beginnen, werden alphabetisch bei I eingeordnet, Neopentyl bei N. Die mit Bindestrich abgetrennten Vorsilben *sec-* und *tert-* werden dagegen bei der alphabetischen Einordnung nicht berücksichtigt und deshalb kursiv geschrieben, so daß *sec-*Butyl und *tert-*Butyl alphabetisch bei B eingeordnet werden. Kommen im Namen beide vor, so hat *sec-*Butyl Vorrang.

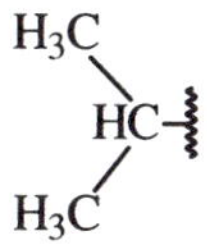

H_3C
$HC-$
H_3C
Isopropyl
(1-Methylethyl)

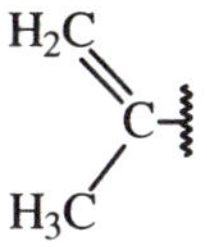

H_2C
$C-$
H_3C
Isopropenyl
(1-Methylvinyl oder 1-Methylethenyl)

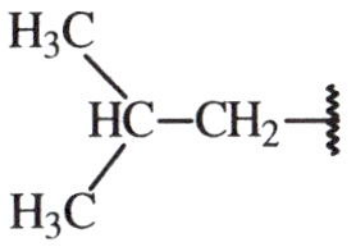

H_3C
$HC-CH_2-$
H_3C
Isobutyl
(2-Methylpropyl)

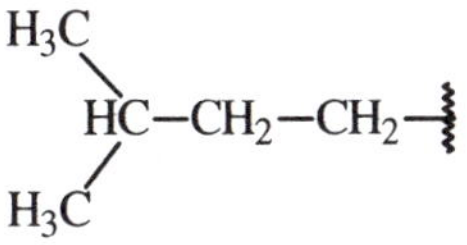

H_3C
$HC-CH_2-CH_2-$
H_3C
Isopentyl
(3-Methylbutyl)

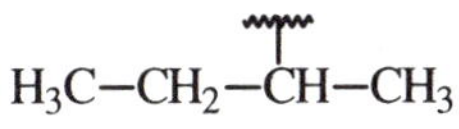

$H_3C-CH_2-CH-CH_3$
*sec-*Butyl
(1-Methylpropyl)

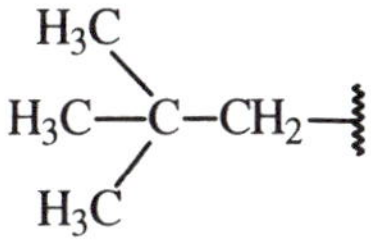

H_3C
$H_3C-C-CH_2-$
H_3C
Neopentyl
(2,2-Dimethylpropyl)

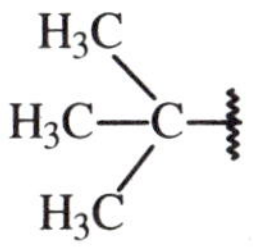

H_3C
H_3C-C-
H_3C
*tert-*Butyl
(1,1-Dimethylethyl)

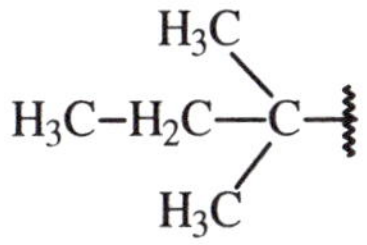

H_3C
H_3C-H_2C-C-
H_3C
*tert-*Pentyl
(1,1-Dimethylpropyl)

Gibt es für einen verzweigten Substituenten keinen solchen Semi-Trivialnamen, muß er vollständig systematisch benannt werden. Dazu wird er genauso behandelt wie verzweigte Ketten, d. h. man bestimmt nach den im folgenden noch ausführlich zu behandelnden Kriterien (s. S. 27f.) zunächst die »Hauptseitenkette« und stellt dieser alphabetisch sortiert die Namen der Substituenten mit ihren Lokanten und gegebenenfalls multiplikativen Präfixen voran.

Werden im Namen eines Substituenten Lokanten benötigt oder handelt es sich um einen weitersubstituierten Substituenten, so wird der gesamte Name des Substituenten durch Klammern eingeschlossen. In komplexen Fällen, wenn bereits ein Substituent des Substituenten durch runde Klammern eingeschlossen wird, wird der gesamte komplexe Substituent in eckige Klammern eingeschlossen. Werden weitere Klammernsätze benötigt, folgen danach geschweifte, dann wieder runde Klammern usw. (vgl. S. 91).

Mehrfaches Vorkommen substituierter Substituenten wird nicht mehr durch die einfachen multiplikativen Präfixe, die Tabelle 1 entnommen werden können, sondern durch einen zweiten Satz multiplikativer Präfixe angezeigt, nämlich: bis-, tris-, tetrakis-, pentakis- usw. (entstanden durch Anfügen der Silbe »kis« an das entsprechende nach Tabelle 1 gebildete multiplikative Präfix).

1-Methylbutyl
(vgl. S. 21)

5,6-Dimethylheptyl

3-Methylbut-2-en-1-yl
(früher Prenyl)

4-(Prop-1-inyl)hepta-1,5-dien

6-(2-Methylbutyl)undecan

7-[1-(Prop-1-inyl)but-1-en-1-yl]dodeca-2,5,10-trien

6,7-Bis(1-methylbutyl)tridecan

Kommen innerhalb des Namens des substituierten Substituenten multiplikative Präfixe vor, so müssen diese, da sie nun Bestandteil des Namens dieses Substituenten sind, bei der alphabetischen Einordnung berücksichtigt werden.

6,7-Bis(1,1-dimethylbutyl)-4-ethyldodecan

Denkbar sind auch polyvalente Substituenten. Wenn ein Substituent zwei Wasserstoffatome am gleichen Kohlenstoffatom der Hauptkette unter Ausbildung einer Doppelbindung ersetzt, so wird statt der Endung -yl die Endung -yliden für den Substituenten verwendet. (Die Endung -yliden wird an den Namen des entsprechenden Kohlenwasserstoffs, bzw. bei im übrigen gesättigten Substituenten an Stelle der Endung -an, an den Stamm angefügt.) Als Trivialnamen bleiben nur Allyliden, Vinyliden und Isopropyliden erhalten.

$H_2C=$

Methyliden
(früher Methylen, vgl. S. 26)

$H_3C-CH=$

Ethyliden

Pentyliden

$HC\equiv C-CH_2-CH=$

But-3-in-1-yliden

$H_2C=C=$

Vinyliden

Vollständigkeitshalber sei erwähnt, daß bei einem Substituenten, der drei freie Valenzen unter Ausbildung einer Dreifachbindung zur Hauptkette betätigt, entsprechend die Endung -ylidin gebraucht wird. Es sei jedoch darauf hingewiesen, daß ein solcher Fall bei reinen Kohlenstoffverbindungen nicht möglich ist, da eine so gebildete Dreifachbindung automatisch Bestandteil der Hauptkette wird. Wegen der Vierbindigkeit des Kohlenstoffs erübrigt sich auch die Angabe eines Lokanten für die Endung -ylidin.

$H_2C=CH-CH=$

Allyliden
(Prop-2-enyliden)

Isopropyliden

$HC\equiv$

Methylidin

$H_3C-C\equiv C-C\equiv$

But-2-inylidin

Ein Substituent, der über mehrere Bindungen zu unterschiedlichen Atomen mit dem Stammsystem verbunden ist, muß diese unterschiedlichen Verknüpfungen in seinem Namen zum Ausdruck bringen. Im einfachsten Fall geschieht das durch multiplikative Präfixe und entsprechende Lokanten, die den Endungen -yl bzw. -yliden vorangestellt werden. Werden

Ethan-1,1,2-triyl

1-Methylethan-1,1-diyl oder Propan-2,2-diyl

verschiedene Endungen benötigt, so werden sie mit ihren jeweiligen Lokanten in der Reihenfolge -..yl-..yliden-..ylidin an den Namen des dem Substituenten entsprechenden Kohlenwasserstoffs angehängt. In solchen Fällen entfällt auch die Endung -an nicht mehr.

Den polyvalenten Substituenten beziffert man dabei so, daß ein möglichst niedriger Lokantensatz für die freien Valenzen resultiert. Bestehen dabei Wahlmöglichkeiten, so wird den einfachen freien Valenzen (-yl) Priorität vor den -yliden-Positionen eingeräumt, die wieder Priorität vor den -ylidin-Positionen haben.

Als Ausnahmen bleiben Methylen (für Methandiyl) und Ethylen (für Ethan-1,2-diyl) erhalten. Eine darüber hinausgehende Anwendung der Endung -ylen für Substituenten mit zwei freien Valenzen ist nur noch für Phenylen (s. S. 29) vorgesehen.

Nach der Behandlung der Regeln zur Benennung der Bestandteile von verzweigten Kohlenwasserstoffen müssen nun noch die Regeln zur Bestimmung der Hauptkette, von denen einige in den vorhergehenden Abschnitten stillschweigend vorausgesetzt wurden, vorgestellt werden.

Die Hauptkette eines komplizierten verzweigten Kohlenwasserstoffs wird festgelegt, indem die Kriterien der folgenden Liste nacheinander angewandt werden, bis nur noch eine Kette übrig bleibt. Dabei ist zu beachten, daß bei der Anwendung des jeweils nächsten Auswahlkriteriums nur noch die Ketten erneut betrachtet werden, die zuvor noch nicht ausgeschlossen wurden. (Eine ausführlichere Liste, die auch später zu behandelnde Regeln berücksichtigt, findet sich auf S. 106ff.)

Propan-1,3-diyliden

Propan-1-yl-3-yliden

Methylen (vgl. S. 25)
(Methandiyl)

Ethylen
(Ethan-1,2-diyl)

Hauptkette ist die Kette, die

1. die meisten Mehrfachbindungen (Doppel- und Dreifachbindungen) enthält,

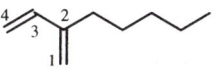

2-Pentylbuta-1,3-dien

2. die meisten Kohlenstoffatome enthält (längste Kette),

(Die Chemical Abstracts geben diesem Kriterium Vorrang vor dem 1. Kriterium.)

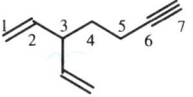

3-Vinylhept-1-en-6-in
oder 3-Ethenylhept-1-en-6-in

5-Propylidennona-1,7-dien

3. die meisten Doppelbindungen enthält,

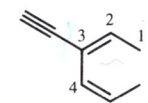

3-Ethinylhexa-2,4-dien

4. den niedrigsten Lokantensatz für die Mehrfachbindungen erhält,

4-(Prop-1-inyl)hept-5-en-1-in

5. den niedrigsten Lokantensatz für die Doppelbindungen erhält,

6-(Pent-2-en-4-in-1-yl)undeca-1,7-dien-3,10-diin

6. die meisten Substituenten besitzt,

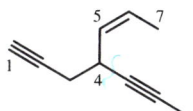

5-Butyl-2,3,7-trimethylnonan

7. den niedrigsten Lokantensatz für die Substituenten erhält,

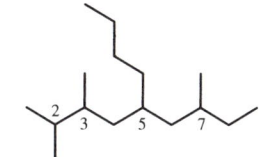

5-(2-Ethylbutyl)-2,6-dimethylnonan

8. den alphabetisch erstgenannten Substituenten trägt,

7-Ethyl-2-methyl-5-(2-methylbutyl)nonan

9. die niedrigsten Lokanten für den
   alphabetisch erstgenannten Substituenten erhält.

3,6-Diethyl-5-(2-ethyl-1-methylbutyl)-
2,7-dimethylnonan

2 Einfache ringförmige (cyclische) Kohlenwasserstoffe

Zu einem einfachen Ring geschlossene Kohlenwasserstoffe werden nach den gleichen Regeln benannt wie die offenkettigen Kohlenwasserstoffe. Zur Kennzeichnung, daß es sich um einen Ring handelt, wird ihrem Namen die Vorsilbe Cyclo- vorangestellt.

Ringe mit der maximalen Anzahl nichtkumulierter Doppelbindungen (Mehrfachbindungen können isoliert sein wie in Cycloocta-1,5-dien, konjugiert wie in Benzen oder Cyclotridec-3-en-1,5-diin und kumuliert wie in Allen [s. S. 17]) und mit mindestens sieben Kohlenstoffatomen können alternativ als Annulene bezeichnet werden. Die Ringgröße wird durch Nennen der Zahl der Kohlenstoffatome in eckigen Klammern vor dem Namen Annulen angegeben. Für den Grundkörper der aromatischen Kohlenwasserstoffe wird der Trivialname Benzen oder Benzol (vgl. Einleitung, S. 10) beibehalten.

Die Angabe eines Lokanten für die freie Valenz, wenn ein Ring als Substituent auftritt, erübrigt sich, da die freie Valenz nur den Lokanten 1 erhalten kann. Treten jedoch mehrere freie Valenzen auf, so müssen deren Lokanten alle angegeben werden.

Der von Benzen abgeleitete Substituent heißt Phenyl. Der entsprechende divalente Substituent (systematisch Benzendiyl) behält als Ausnahme die Bezeichnung Phenylen, bei deren Verwendung anstelle der Lokantensätze 1,2-, 1,3- und 1,4- auch noch die Angaben *o-* (ortho), *m-* (meta) bzw. *p-* (para) erlaubt sind. (In Namen von Verbindungen werden diese Bezeichnungen kursiv gesetzt und niemals ausgeschrieben, aber stets ausgesprochen.) Doch sind die numerischen Lokanten zu bevorzugen.

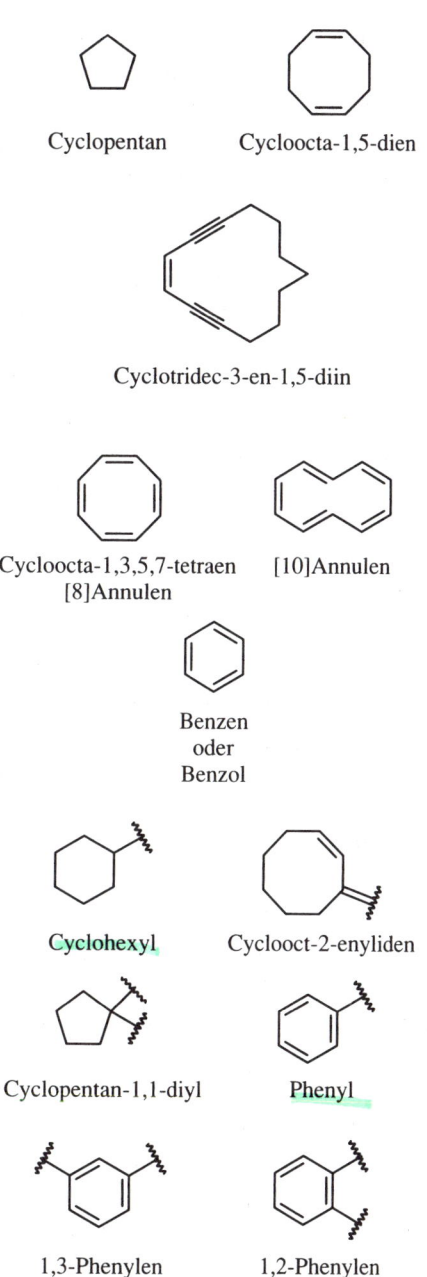

Cyclopentan

Cycloocta-1,5-dien

Cyclotridec-3-en-1,5-diin

Cycloocta-1,3,5,7-tetraen
[8]Annulen

[10]Annulen

Benzen
oder
Benzol

Cyclohexyl

Cyclooct-2-enyliden

Cyclopentan-1,1-diyl

Phenyl

1,3-Phenylen
(*m*-Phenylen)
(Benzen-1,3-diyl)

1,2-Phenylen
(*o*-Phenylen)
(Benzen-1,2-diyl)

3   Ringe mit Seitenketten

Enthält eine Verbindung ringförmige und kettenförmige Bestandteile, so kann sie prinzipiell als kettensubstituierter Ring oder als ringsubstituierte Kette benannt werden. Die IUPAC-Regeln sehen zwei Entscheidungskriterien vor, nämlich die Anzahl der Substituenten und die Größe des Systems, von denen keinem Vorrang gegeben wurde. Man hat also die Wahl, ob man den Teil, der die meisten Substituenten trägt, als Stammsystem wählt, oder den kleineren Teil als Substituenten des größeren festlegt, je nachdem, welcher Name besser dem Zweck entspricht. In der Praxis wird meist der Teil mit der größeren Zahl an Substituenten als Stammsystem gewählt und erst, wenn diese gleich ist, die Größe der Teilsysteme berücksichtigt. Die Chemical Abstracts hingegen geben generell dem Ring Vorrang.

Vor allem bei den substituierten aromatischen Kohlenwasserstoffen gibt es darüber hinaus eine ganze Reihe beibehaltener Trivialnamen, für die heute jedoch einige Anwendungsbeschränkungen zu beachten sind. Von den nebenstehend genannten Verbindungen sind nur Toluen, Styren und Stilben als Stammsysteme zugelassen, und das auch nur, soweit Substituenten am Ring hinzugefügt werden, die als Präfix zu nennen sind und sich von den bereits vorhandenen Substituenten unterscheiden. Dabei sind auch noch die im vorhergehenden Abschnitt eingeführten Bezeichnungen o-, m- und p- für die 2-, die 3- bzw. die 4-Position erlaubt. Numerische Lokanten sind jedoch auch hier zu bevorzugen.

1,2-Diphenylethan

1-Heptyl-3-methylbenzen
(oder 3-Heptyltoluen bzw. 3-Heptyltoluol)
(oder 1-(3-Methylphenyl)heptan)
oder 1-(m-Tolyl)heptan

2-Methyl-1-phenylbutan
(oder (2-Methylbutyl)benzen)

Toluen oder Toluol

Styren oder Styrol

Stilben

Mesitylen   Fulven

Gleichermaßen gilt für die meisten der von diesen substituierten Arenen abgeleiteten Substituentengruppen, daß eine Weitersubstitution nur am Ring erlaubt ist. An Mesityl sowie o-, m- und p-Tolyl ist keine Weitersubstitution zugelassen.

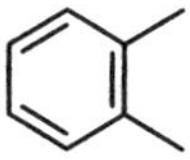

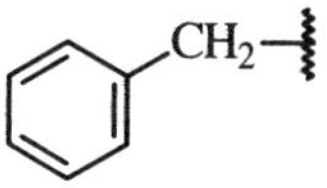

Benzyl

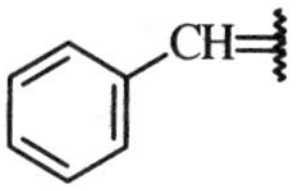

Benzyliden
(früher Benzal)

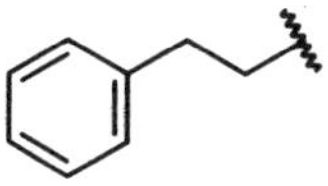

Phenethyl

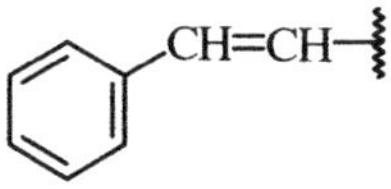

Styryl

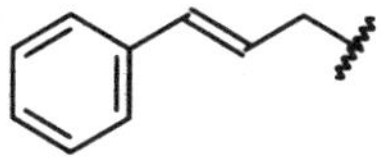

o-Xylen oder o-Xylol
(auch m- und p-Isomere)

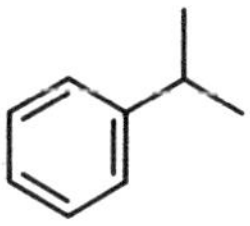

Cinnamyl

Cumen oder Cumol

Benzhydryl

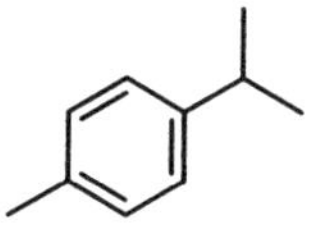

p-Cymen oder p-Cymol
(auch o- und m-Isomere)

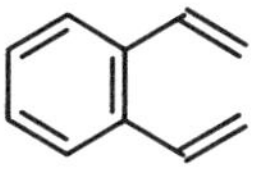

1,2-Divinylbenzen (oder o-Divinylbenzol)
(nicht 2-Vinylstyren)

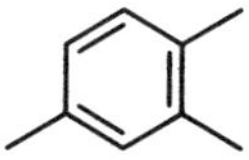

Trityl

1,2,4-Trimethylbenzen
(nicht Dimethyltoluen)
(nicht Methylxylen)

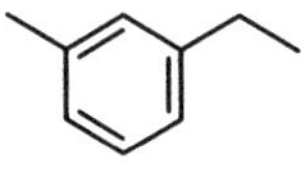

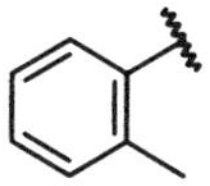

o-Tolyl
(auch m- und p-Isomere)

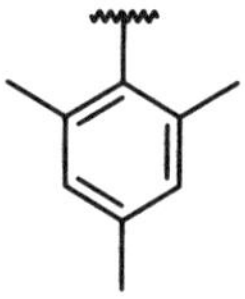

3-Ethyltoluen bzw. 3-Ethyltoluol
oder 1-Ethyl-3-methylbenzen

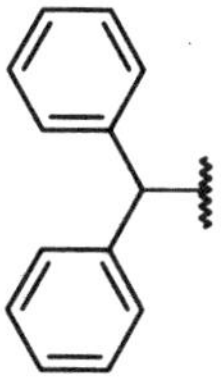

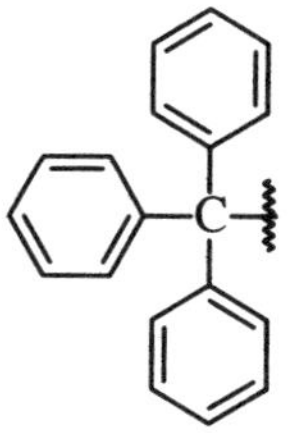

Mesityl

4 Verbrückte Ringsysteme (von-Baeyer-Nomenklatur)

Wenn zwei nicht benachbarte Atome eines Ringes durch eine unverzweigte Kette von Atomen, ein einzelnes Atom oder nur durch eine Valenzbindung direkt miteinander verbunden sind, handelt es sich um ein verbrücktes Ringsystem. Die beiden auf diese Weise verbundenen Atome des Ringes werden als Brückenkopfatome (oder Brückenköpfe) bezeichnet, die sie verbindenden Atome und Bindungen entsprechend als Brücke.

Solche Verbindungen werden benannt, indem dem Namen des offenkettigen Kohlenwasserstoffs mit der gleichen Anzahl an Kohlenstoffatomen die Vorsilbe Bicyclo- vorangestellt wird. Zwischen dem Präfix Bicyclo und dem Stammnamen wird eine in eckigen Klammern eingeschlossene Zahlenfolge eingeschoben, die in abnehmender Reihenfolge zuerst die Anzahl der Kohlenstoffatome in den beiden Zweigen des Hauptringes und dann der Brücke angibt. Die Brückenkopfatome werden dabei nicht mitgezählt. Da es sich nicht um Lokanten handelt, werden die einzelnen Zahlen durch Punkte voneinander getrennt.

Musterbeispiel solcher Verbindungen ist Bicyclo[2.2.1]heptan, das Grundgerüst der Naturstoffe Campher und Borneol, das bisher auch mit dem nicht mehr zugelassenen Trivialnamen Norbornan bezeichnet wurde (vgl. S. 100).

Die Bezifferung bicyclischer Kohlenwasserstoffe erfolgt beginnend an einem Brückenkopfatom zunächst durch den längeren Zweig des Hauptringes, dann

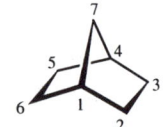

Bicyclo[2.2.1]heptan
(früher Norbornan)

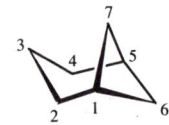

Bicyclo[3.1.1]heptan
(früher Norpinan)

Bicyclo[3.2.0]heptan

Bicyclo[4.1.0]heptan
(früher Norcaran)

Bicyclo[3.2.1]octan

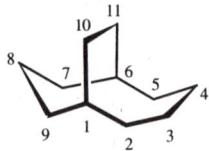

Bicyclo[4.3.2]undecan

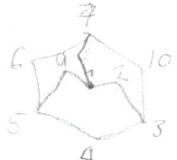

über den zweiten Brückenkopf durch den zweiten Zweig des Hauptringes. Daran anschließend werden die Gerüstatome der Brücke in Richtung vom Brückenkopfatom mit der Nummer 1 zum anderen Brückenkopf beziffert.

Ist ein Ring von mehreren Brücken überspannt, handelt es sich um einen Polycyclus. Auch hier wird zuerst der Hauptring festgelegt, und zwar so, daß möglichst viele Gerüstatome darin enthalten sind. Danach wird die längste Brücke als Hauptbrücke bestimmt. Sie beginnt und endet an den Hauptbrückenkopfatomen, deren Nummern in den nebenstehenden Formeln durch Fettdruck hervorgehoben sind. Die übrigen Brücken werden als Nebenbrücken bezeichnet. Benannt wird ein Polycyclus, indem dem Präfix cyclo ein multiplikatives Präfix (Tabelle 1, S. 15) vorangestellt wird, das man ermittelt, indem man feststellt, wieviele Bindungen des Ringsystems gebrochen werden müssen, um ein (verzweigtes) offenkettiges System zu erhalten, das alle Gerüstatome enthält. Danach werden wie bei einem Bicyclus vor dem Stammnamen in eckigen Klammern zuerst die Anzahl der Atome in den beiden Zweigen des Hauptringes und der Hauptbrücke, darauf weiter in absteigender Reihenfolge die Anzahl der Atome in den Nebenbrücken angegeben. Zur Bezeichnung der Lage der Nebenbrücken werden hochgestellte Lokanten für deren Brückenkopfatome an die Zahl für die Länge der entsprechenden Brücke angefügt.

Bestehen dabei Wahlmöglichkeiten für die Auswahl der Hauptbrücke und/oder die Bezifferung, werden folgende Kriterien der Reihe nach bis zu einer Entscheidung herangezogen.

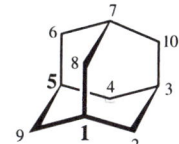

Adamantan
Tricyclo[3.3.1.1^{3,7}]decan

Tricyclo[3.2.1.0^{2,4}]octan

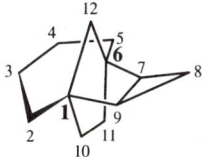

Tetracyclo[4.3.2.1^{1,6}.0^{7,9}]dodecan

Tricyclo[4.3.1.1^{2,5}]undecan

Gibt es mehrere gleichlange Brücken, die als Hauptbrücke in Frage kommen, wird diejenige gewählt, die den Hauptring möglichst symmetrisch teilt. Danach muß darauf geachtet werden, daß unter Berücksichtigung der Bezifferungsregeln für den zugrundeliegenden Bicyclus ein möglichst niedriger Lokantensatz für alle hochgestellten Lokanten erhalten wird. Bei gleich langen Nebenbrücken wird diejenige zuerst genannt, die den niedrigeren hochgestellten Lokantensatz für ihre Brückenköpfe trägt. Prisman, Cuban und Adamantan werden als Trivialnamen beibehalten.

Die Bezifferung der Nebenbrücken erfolgt anschließend an die Hauptbrücke, und zwar für jede Nebenbrücke beginnend neben dem höhernumerierten Brückenkopfatom (also inkonsequenterweise umgekehrt wie die der Hauptbrücke). Von allen Nebenbrücken soll seit neuem unabhängig von deren Länge diejenige zuerst beziffert werden, die am höchstnumerierten Brückenkopfatom beginnt. Danach folgt die Nebenbrücke, die am nächstniedrigernumerierten Brückenkopf beginnt (vgl. auch S. 49).

Bisher wurden die Nebenbrücken in der Reihenfolge abnehmender Länge beziffert (wobei von gleich langen Nebenbrücken auch bisher bereits diejenige zuerst beziffert wurde, die am höchstnumerierten Brückenkopfatom beginnt). Durch diese unglückliche Regeländerung kann es bei substituierten Polycyclen vorkommen, daß eine Verbindung einen Namen erhält, der zuvor identisch für eine andere Verbindung gültig war.

Tricyclo[3.3.1.1^{2,4}]decan

Pentacyclo[9.2.1.0^{2,8}.0^{3,5}.0^{8,10}]tetradecan
(2,3,5,8,8,10 niedriger als 2,4,4,7,9,10
und 2,8 niedriger als 3,5 usw.)

Prisman
Tetracyclo[2.2.0.0^{2,6}.0^{3,5}]hexan

Cuban
Pentacyclo[4.2.0.0^{2,5}.0^{3,8}.0^{4,7}]octan

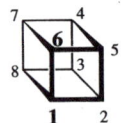

Tetracyclo[5.4.2.2^{2,6}.2^{8,11}]heptadecan

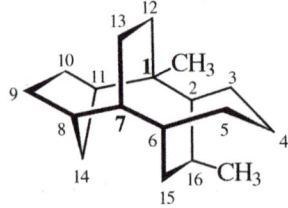

1,14-Dimethyl…
bisher 1,16-Dimethyl…

1,15-Dimethyl…
bisher 1,14-Dimethyl…
…tetracyclo[5.4.2.2^{2,6}.1^{8,11}]hexadecan

1,16-Dimethyl…
bisher 1,15-Dimethyl…

Die Verknüpfungsstellen (freien Valenzen), wenn der Polycyclus als Substituent auftritt, oder Mehrfachbindungen werden in der üblichen Weise angegeben. Dabei ersetzen die Endungen -en und -in die Endung -an. Die Endungen -yl bzw. -yliden werden mit entsprechendem Lokanten an den Namen des Polycyclus (auch an die Endung -an!) angefügt. Nur der von Adamantan abgeleitete Substituent hat einen Kurznamen, in den der Lokant für die freie Valenz nicht eingeschoben werden darf. Er heißt Adamantyl. Bestehen noch Wahlmöglichkeiten für die Bezifferung des Bi- oder Polycyclus, so werden wie üblich zuerst möglichst niedrige Lokanten für die freie Valenz und dann für die Mehrfachbindungen vergeben.

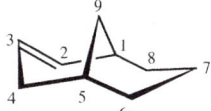

Bicyclo[3.3.1]non-2-en

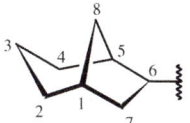

Bicyclo[3.2.1]octan-6-yl

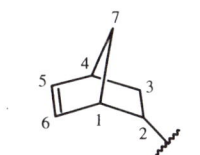

Bicyclo[2.2.1]hept-5-en-2-yl

Dabei ist es möglich, daß eine Doppelbindung zwischen zwei Atomen zu liegen kommt, deren Lokanten sich nicht nur um eins unterscheiden. Dann muß auch der zweite Lokant im Namen angegeben werden, und zwar eingeschlossen in runde Klammern direkt im Anschluß an den Lokanten des niedriger bezifferten Kohlenstoffatoms, von dem die Doppelbindung ausgeht.

Zur Vermeidung zusammengesetzter Lokanten wird neuerdings auch in der IUPAC-Nomenklatur – wie bei den Chemical Abstracts schon länger gängige Praxis – vom Prinzip des niedrigsten Lokanten abgewichen. Danach erhält eine Doppelbindung zwischen dem Brückenkopfatom und dem benachbarten Atom im kürzeren Zweig des Hauptringes eines Bicyclus nicht mehr den Lokanten 1.

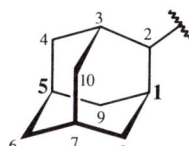

2-Adamantyl
(Adamantan-2-yl)

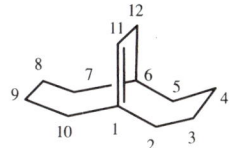

Bicyclo[4.4.2]dodec-1(11)-en

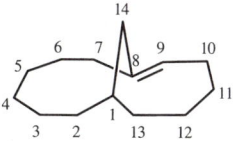

Bicyclo[6.5.1]tetradec-8-en
(bisher Bicyclo[6.5.1]tetradec-1(13)-en)

5 Anellierte (polycyclische) Kohlenwasserstoffe

5.1 Definition und Trivialnamen

Verbindungen, in denen jedes Paar zueinander benachbarter Ringe genau zwei Atome (und damit eine Bindung) gemeinsam hat, werden anellierte Ringsysteme genannt. Die gemeinsamen Atome, als Anellierungsstellen bezeichnet, werden als Bestandteil beider Ringe betrachtet. So wird etwa Naphthalen (oder Naphthalin) als aus zwei Benzenringen bestehend angesehen, obwohl es nur zehn Kohlenstoffatome besitzt.

Im Gegensatz zu den bisher behandelten Systemen geht man bei der Benennung von anellierten Systemen generell davon aus, daß sie die maximale Anzahl nichtkumulierter Doppelbindungen enthalten. In der Mehrzahl der bekannten Fälle handelt es sich folglich um aromatische Verbindungen (Arene).

Für eine ganze Reihe von anellierten Kohlenwasserstoffen gibt es Trivialnamen, die in Tabelle 2 zusammengestellt sind und auch die Grundlage für die Benennung weiterer anellierter Systeme sind.

Tabelle 2 enthält auch die Formeln einiger Verbindungen, deren Namen mit einem numerischen Präfix beginnen und eine charakteristische Endung zeigen. Namen analoger Verbindungen werden durch Verwenden entsprechender höherer numerischer Präfixe (s. Tabelle 1) – unter Auslassung von deren Schluß-a, wenn die Endung mit einem a beginnt – wie folgt gebildet. Die Endung -alen zeigt ein bicy-

Naphthalen oder Naphthalin

Tabelle 2: Anellierte Kohlenwasserstoffe in der Reihenfolge aufsteigender Priorität

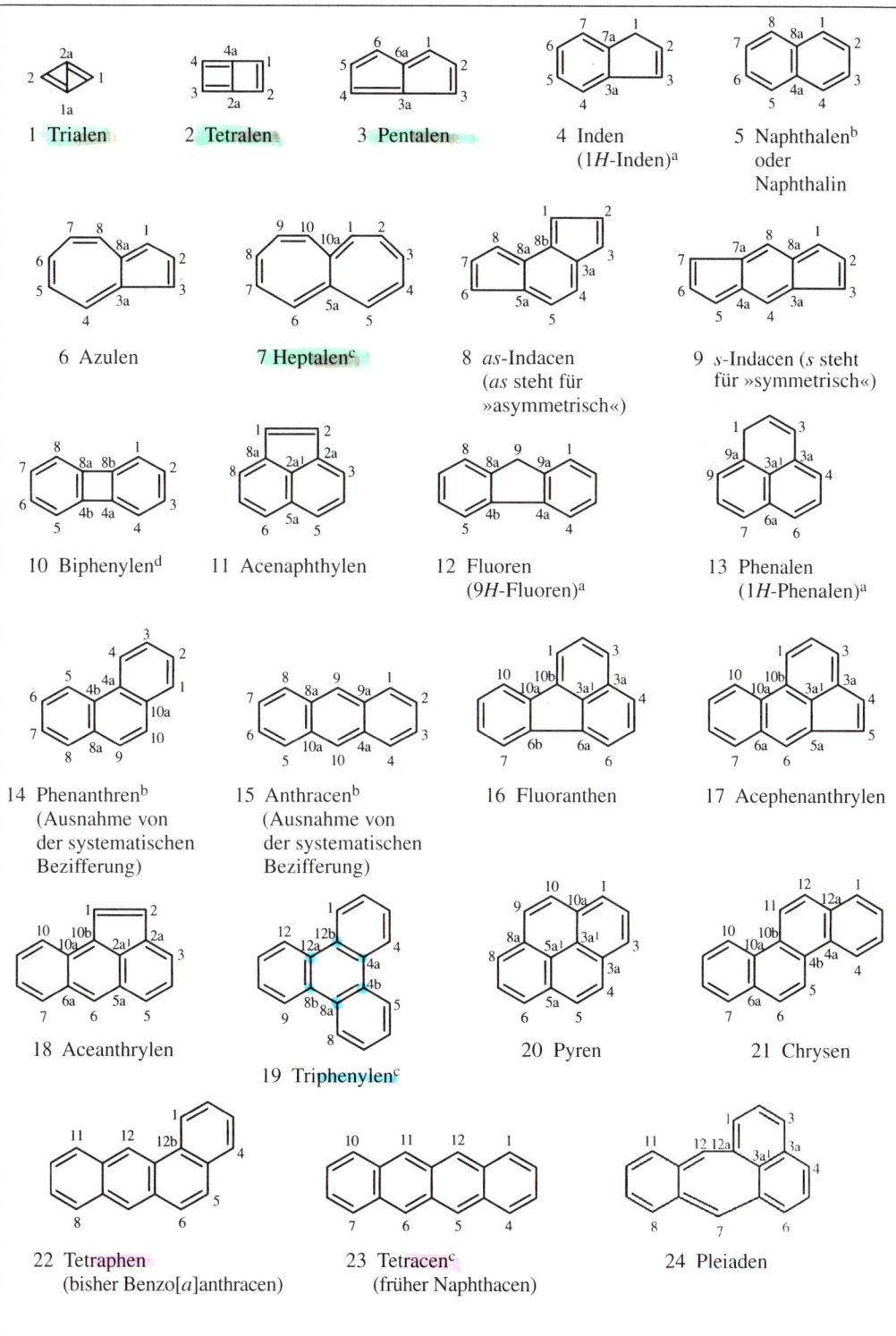

1 Trialen   2 Tetralen   3 Pentalen   4 Inden ($1H$-Inden)[a]   5 Naphthalen[b] oder Naphthalin

6 Azulen   7 Heptalen[c]   8 *as*-Indacen (*as* steht für »asymmetrisch«)   9 *s*-Indacen (*s* steht für »symmetrisch«)

10 Biphenylen[d]   11 Acenaphthylen   12 Fluoren ($9H$-Fluoren)[a]   13 Phenalen ($1H$-Phenalen)[a]

14 Phenanthren[b] (Ausnahme von der systematischen Bezifferung)   15 Anthracen[b] (Ausnahme von der systematischen Bezifferung)   16 Fluoranthen   17 Acephenanthrylen

18 Aceanthrylen   19 Triphenylen[c]   20 Pyren   21 Chrysen

22 Tetraphen (bisher Benzo[*a*]anthracen)   23 Tetracen[c] (früher Naphthacen)   24 Pleiaden

Tabelle 2: Anellierte Kohlenwasserstoffe in der Reihenfolge aufsteigender Priorität (Fortsetzung)

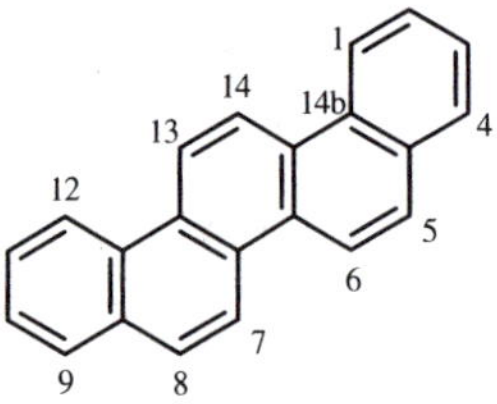

25 Picen 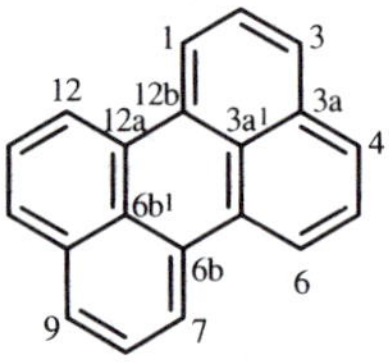 26 Perylen 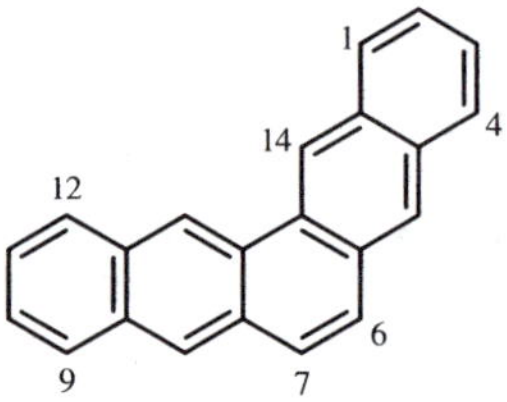 27 Pentaphen[c] 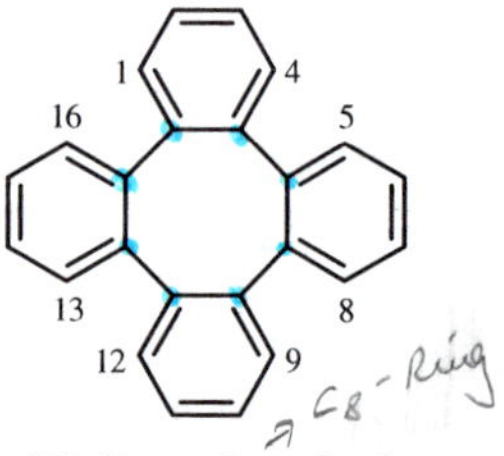 28 Tetraphenylen[c]

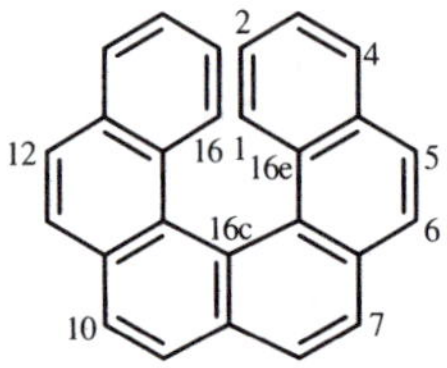

29 Hexahelicen[c]
(Ausnahme von
der systematischen
Bezifferung)[e]

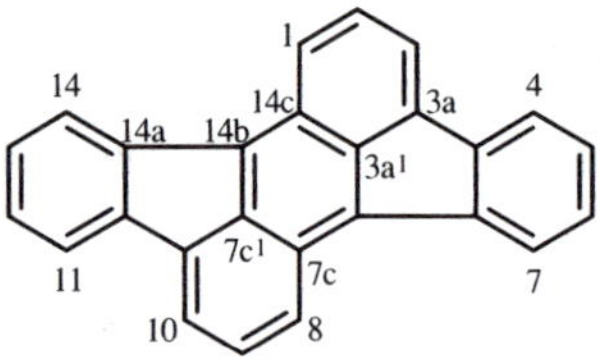

30 Rubicen

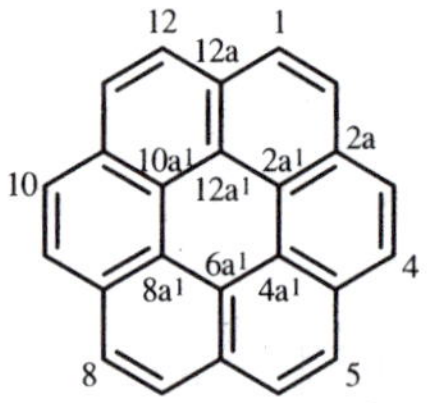

31 Coronen

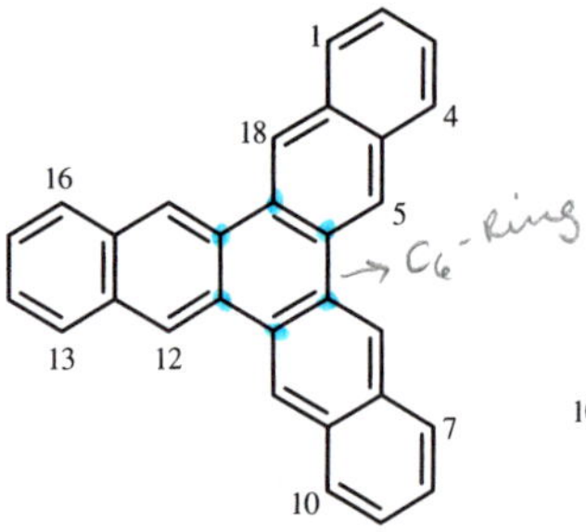

32 Trinaphthylen[c]

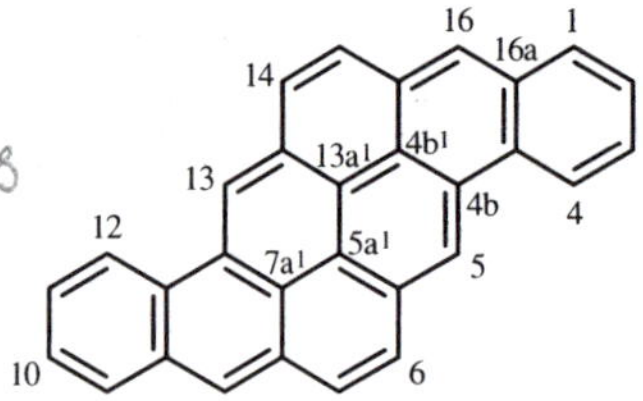

33 Pyranthren

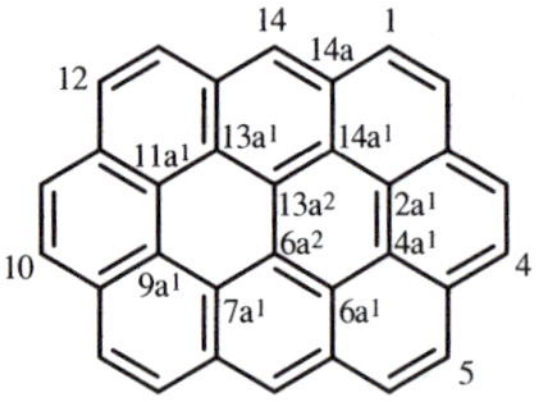

34 Ovalen

[a] Wenn kein indizierter Wasserstoff angegeben wird, ist das abgebildete Isomer gemeint.

[b] Für die von diesen Verbindungen abgeleiteten Substituenten werden die Kurzformen Naphthyl, Phenanthryl und Anthryl verwendet.

[c] Namen analoger Verbindungen können durch Verwendung entsprechender höherer numerischer Präfixe sinngemäß gebildet werden.

[d] Entsprechend der auf S. 42 formulierten Regeln gegenüber den Tabellen der bisherigen Ausgaben der IUPAC-Regeln korrigierte Einordnung von Biphenylen.

[e] Die Bezifferung aller Helicene beginnt analog zu der von Hexahelicen an einem terminalen Ring, worauf die äußeren peripheren Atome folgen (bisher wurden Helicene systematisch beziffert).

clisches Ringsystem aus zwei gleichen Ringen an, deren Größe durch das numerische Präfix bezeichnet wird (Ausnahme: Naphthalen, nicht Hexalen, s. Tabelle 2, Nr. 5).

Ein numerisches Präfix ab Tetra- bedeutet vor der Endung -acen die Anzahl linear anellierter Benzenringe (abgeleitet von Anthr**acen**), vor der Endung -aphen (abgeleitet von **Phen**anthren) steht es für die analogen Systeme mit nur einem, und zwar möglichst zentral gelegenen Winkel. Entsprechend werden numerische Präfixe ab Penta- vor der Endung -helicen für die Anzahl anellierter Benzenringe in helicalen Strukturen verwendet.

Numerische Präfixe ab Tri- vor den Endungen -phenylen (Ausnahme: **Bi**phenylen) und -naphthylen geben die cyclische Verknüpfung der entsprechenden Anzahl von *o*-Phenylen- bzw. Naphthalen-2,3-diyl- (früher 2,3-Naphthylen-)Einheiten an, so daß ein zentraler Ring (mit anellierten Benzen- bzw. Naphthalen-Einheiten) erhalten wird, der genau doppelt soviele Kohlenstoffatome enthält, wie das numerische Präfix angibt.

5.2 Bezifferung

Die richtige Bezifferung anellierter Verbindungen, die generell als eben angenommen werden, auch wenn nicht alle anellierten Systeme tatsächlich planar sind, setzt voraus, daß deren Formeln in einer bestimmten Weise gezeichnet und in der Zeichenebene ausgerichtet werden.

Es ist natürlich nicht zwingend vorgeschrieben, die Formel eines anellierten Systems gemäß nachstehender Orientierungsregeln zu zeichnen, wie in Tabelle 2 durchgängig geschehen. Um die richtige Bezifferung zu ermitteln, muß die Orientierung jedoch zumindest in Gedanken entsprechend durchgeführt werden.

Und zwar werden die Formeln so in einem rechtwinkligen Koordinatensystem angeordnet, daß

1. möglichst viele direkt aneinander anellierte Ringe auf der horizontalen Achse liegen,

2. möglichst viele Ringe oberhalb davon und rechts der vertikalen Achse liegen,

3. möglichst wenige Ringe im linken unteren Quadranten liegen.

Dabei werden die Ringe in der horizontalen Achse so gezeichnet, daß sie (mit Ausnahme des dreigliedrigen Ringes, bei dem das nicht möglich ist) jeweils zwei möglichst weit voneinander entfernte parallele vertikale Bindungen aufweisen, über die sie aneinander anelliert sind. Es ist jedoch darauf zu achten, daß die übrigen Ringe dabei nicht allzusehr deformiert werden.

Die vertikale Achse wird so gelegt, daß gleich viele Ringe der horizontalen Achse rechts und links davon gezeichnet werden. Folglich wird bei ungerader Anzahl von Ringen auf der horizontalen Achse der mittlere Ring durch die vertikale Achse geteilt.

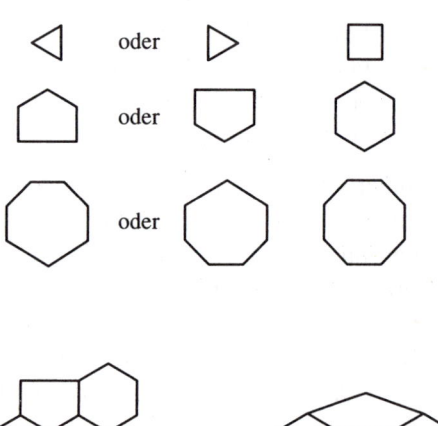

richtig   falsch

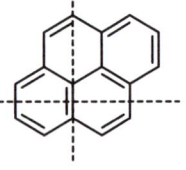

Pyren

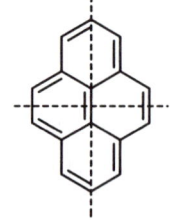

falsch
(mehr Ringe links
als rechts)

falsch
(zu viele Ringe unterhalb der Horizontalen)

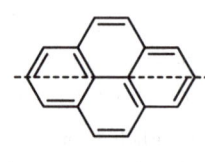

falsch
(Ringe in der Horizontalen
nicht direkt
aneinander anelliert)

In einem so orientierten System wird die Bezifferung im Uhrzeigersinn um die Verbindung herum vorgenommen. Dabei beginnt man in der obersten Reihe an dem Ring, der am weitesten rechts liegt, und dort wiederum an dem Atom, das am weitesten gegen den Uhrzeigersinn gelegen und an der Anellierung nicht beteiligt ist. Die Anellierungsstellen werden zuerst übersprungen. Ihre Lokanten ergeben sich aus der Nummer des jeweils zuvor bezifferten Atoms durch Zusatz der Kleinbuchstaben a, b, c usw., abhängig davon, um die wievielte Anellierungsposition in direkter Folge es sich handelt.

Sind für ein Ringsystem mehrere Orientierungen möglich, die die vorstehenden Regeln erfüllen, wird diejenige gewählt, bei der sich ein möglichst niedriger Lokantensatz für die Anellierungspositionen ergibt.

Für ein Atom, das nicht am äußeren Rand des Ringsystems liegt, ergibt sich der Lokant aus dem des peripheren Atoms, zu dem der geringste Abstand besteht, indem ein Exponent hinzugefügt wird, der die Zahl der Bindungen zwischen diesen beiden Atomen ausdrückt. Bestehen Alternativen, wird der niedrigere Lokant gewählt.

Bisher wurden die inneren Atome im Anschluß an das Atom mit dem höchsten Lokanten fortlaufend durch Zusatz von Kleinbuchstaben beziffert. (Die Chemicals Abstracts verfahren bisher weiterhin so).

Zur Verdeutlichung dieser Regeln ist für alle in Tabelle 2 aufgeführten Verbindungen deren Bezifferung mit angegeben. Es sind jedoch die Ausnahmen Anthracen und Phenanthren zu beachten, deren Bezifferung nicht den hier vorgestellten Regeln folgt. Außerdem beginnt die Bezifferung aller Helicene davon abweichend an einem ihrer terminalen Ringe

Azulen   falsch

Fluoren   falsch
4,4,8,9 ist niedriger als 4,5,9,9

Acenaphthylen   falsch   falsch
2,5,8 niedriger als 3,5,8 oder 3,6,8

und wird dann über den äußeren Kranz fortgeführt, da für sie die Orientierungsregeln nur schwer anwendbar sind (vgl. Hexahelicen in Tabelle 2).

5.3 Die systematische Anellierungsnomenklatur

Besitzt ein anelliertes Ringsystem keinen Trivialnamen und kann auch nicht gemäß der im vorigen Abschnitt genannten Regeln halbsystematisch benannt werden, muß ein Name aus den in der Formel enthaltenen Teilsystemen zusammengesetzt werden.

Man unterscheidet zwischen dem ranghöchsten enthaltenen Ringsystem als Basiskomponente, und den übrigen Komponenten, die als Anellanden bezeichnet werden und deren Namen dem der Basiskomponente vorangestellt werden.

Die Basiskomponente wird nach folgenden Kriterien bestimmt, wonach das Ringsystem Vorrang hat, das

1. möglichst viele Teilringe besitzt,

2. beim Vergleich der nach ihrer Größe geordneten Ringe den größten Ring an der ersten unterscheidbaren Position besitzt,

3. die bevorzugte Orientierung nach den zuvor beschriebenen Orientierungsregeln aufweist.

Gibt es dabei für die Basiskomponente mehrere Orientierungsmöglichkeiten innerhalb des anellierten Systems, wird sie so gelegt, daß möglichst viele Anellanden daran gebunden sind.

Der Name der Basiskomponente bleibt der unveränderte Name des entsprechenden Kohlenwasserstoffs, während der

Name eines Anellanden, von wenigen Ausnahmen abgesehen, durch Anfügen des Buchstabens o an den Namen des entsprechenden Ringsystems gebildet wird. Aus Fluoranthen beispielsweise wird also Fluorantheno.

Als Ausnahmen werden nur folgende verkürzte Formen verwendet:

> Benzo von Benzen
>
> Naphtho von Naphthalen
>
> Anthra von Anthracen
>
> Phenanthro von Phenanthren

Die Verwendung der bisher ebenfalls gebräuchlichen Kurzformen Acenaphtho (von Acenaphthylen) und Perylo (von Perylen) ist nicht mehr vorgesehen.

Für monocyclische Anellanden außer Benzen (Benzo) ist das Präfix mit dem Namen des Stammes des entsprechenden Kohlenwasserstoffes identisch, also z. B. Cyclopropa, Cyclopenta, Cycloocta, während die Bezeichnung [n]Annulen (s. Abschnitt 2, S. 29) für einen solchen Ring als Basiskomponente verwendet wird.

Bisher war (und bei den Chemical Abstracts ist weiterhin) die Bezeichnung »Cycloalken« für Monocyclen als Basiskomponente gebräuchlich, wobei damit gebildete Namen mißverständlich waren, weil der Name eines Monocyclus mit nur einer Doppelbindung benutzt wurde, obwohl in einem anellierten System aber meist einer mit der maximalen Anzahl nichtkumulierter Doppelbindungen gemeint war. Die Schwierigkeit wurde dadurch verschärft, daß nach einer anderen Regel auch in einem anellierten System ein Ring mit nur einer Doppelbindung gemeint sein konnte.

Soweit ein anelliertes System ohne Trivialnamen nur aus zwei Ringen besteht, ist
die Benennung einfach. Der Name des
Anellanden wird dem Namen des größeren Ringes als Basis direkt vorangestellt.
Man beachte, daß der den Anellanden
kennzeichnende Schlußvokal (o oder a)
im Gegensatz zur früheren Praxis generell nicht mehr weggelassen wird.

Besteht die Basiskomponente aus zwei
oder mehr Ringen, sind nicht mehr alle
ihre Seiten gleichwertig. Dann muß im
Namen zusätzlich angegeben werden, an
welche Seite der Basiskomponente der
Anelland gebunden ist, um zwischen Isomeren, z. B. den nebenstehenden Cyclo-
pentafluorenen, zu unterscheiden. Dazu
werden die Seiten der Basiskomponente
auf der Grundlage ihrer Bezifferung mit
kleinen Buchstaben *a, b, c* usw. bezeichnet, wobei Seite *a* die Bindung zwischen
den Atomen mit den Lokanten 1 und 2,
Seite *b* die nächstfolgende usw. repräsentiert. Eine eventuelle Ausnahmebeziffe-
rung wird nach Festlegung der Seite *a*
und der Richtung, in der sich Seite *b* an-
schließt, nicht mehr berücksichtigt, so
daß auch Anthracen eine durchgängige
Buchstabenbezifferung erhält.

Die so ermittelte Seite, an die der Anelland gebunden ist, wird durch den in
eckige Klammern eingeschlossenen und
kursiv gesetzten Buchstaben direkt im
Anschluß an den Namen des zugehörigen Anellanden angegeben. Dies bleibt
auch so, wenn mehrere Anellanden auftreten. Dann folgt jedem der alphabetisch
geordneten Anellanden direkt in eckigen
Klammern die Angabe für die Anellierungsseite. Natürlich ist darauf zu achten, daß ein möglichst niedriger Buch-
stabenlokantensatz gewählt wird.

Cyclobutabenzen oder
Cyclobutabenzol

Benzo[8]annulen
(früher Benzocycloocten)

Cyclohepta[9]annulen

Fluoren

Anthracen

Cyclopenta[a]fluoren

Cyclopenta[c]fluoren

Benzo[f]cyclobuta[a]azulen

Cyclobuta[a]cycloocta[j]anthracen

Benzo[a]cyclopenta[e][9]annulen

Bestehen dabei Wahlmöglichkeiten der Zuordnung der Anellanden zu einer Seite, erhält der alphabetisch zuerst genannte Anelland die niedriger bezifferte Anellierungsseite.

Tritt mehrmals der gleiche Anelland auf, wird er nicht mehrmals genannt, sondern mit einem entsprechenden multiplikativen Präfix (s. Tabelle 1) versehen. Die Anellierungsseiten werden dann in den eckigen Klammern in aufsteigender Reihenfolge durch Komma getrennt aufgelistet.

Ohne Komma, aber ebenfalls in aufsteigender Reihenfolge werden dagegen Lokanten für Anellierungsseiten der Basiskomponente genannt, an die ein Anelland gleichzeitig gebunden ist.

Wenn auch der Anelland eine polycyclische Komponente ist, sind dessen Seiten ebenfalls nicht mehr gleichwertig. Im Namen müssen dann in den eckigen Klammern zusätzlich zu der Anellierungsseite der Basiskomponente auch noch die (möglichst niedrig zu wählenden) Lokanten der Atome des Anellanden angegeben werden, die in der Anellierungsseite der Basiskomponente aufgehen. Sie werden dem Buchstaben der zugehörigen Anellierungsseite vorangestellt und durch einen Bindestrich von diesem getrennt.

Dabei ist zu beachten, daß die Anellierungsseiten der Basiskomponente auch eine Richtung aufweisen, die in der Reihenfolge der Buchstabenbezifferung verläuft und in einigen der nebenstehenden Beispiele durch einen Pfeil gekennzeichnet ist. Die Lokanten eines Anellanden müssen zur Unterscheidung von Isomeren in der Reihenfolge im Namen angegeben werden, in der sie entlang der Anellierungsseite der Basiskomponente angeordnet sind. Ein durch Buchstaben

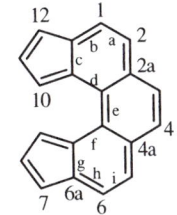

Dicyclopenta[c,g]phenanthren

Benzo[pqr]tetraphen
(bisher Benzo[def]chrysen)
(C. A.: benzo[a]pyren)

Indeno[2,1-a]fluoren

Indeno[1,2-a]fluoren (nicht Indeno[1,2-c]fluoren)

Indeno[7,1-ab]tetracen
(nicht Indeno[7,7a,1-ab]tetracen)

Naphtho[2,1,8-cde]azulen

erweiterter numerischer Lokant innerhalb eines Anellanden entfällt dabei, wenn er zwischen weiteren Lokanten des Anellanden genannt werden müßte.

Wenn der gleiche Anelland mehrmals vorkommt, erhält der an die niedriger bezifferte Anellierungsseite gebundene ungestrichene Lokanten, die weiteren einfach, doppelt usw. gestrichene. Die Lokantensätze zweier Anellanden werden dann durch einen Doppelpunkt voneinander getrennt.

Natürlich kann es auch sein, daß das als Basis ermittelte Ringsystem mehrmals vorkommt. Sind zwei solche Komponenten direkt aneinander anelliert, muß eine zum Anellanden werden. Dagegen bilden sie gemeinsam die Basis, wenn noch ein anderer Ring zwischen ihnen liegt. Es gelten dann die gleichen Prinzipien wie beim Auftreten mehrerer gleicher Anellanden. Die Basiskomponente, deren Anellierungsseite niedriger beziffert ist, wird mit den ungestrichenen Lokanten versehen. Ist die Anellierungsseite die gleiche, wird aufgrund der niedrigeren Lokanten des daran gebundenen Anellanden entschieden.

In komplexen Fällen kann an einen Anellanden ein weiterer (sekundärer) Anelland anelliert sein. Dieser erhält dann gestrichene Lokanten (wenn der primäre Anelland, an den er gebunden ist, ungestrichene hat). Sein Name wird dem des primären Anellanden vorangestellt, und die zugehörigen Anellierungspositionen werden durch zwei Lokantensätze in eckigen Klammern zwischen diesen Komponenten angezeigt, wobei die Lokanten des primären Anellanden in aufsteigender Reihenfolge angegeben werden und ein Doppelpunkt die Lokantensätze der bei-

Dipentaleno[2,1-*a*:1',2',3'-*gh*]phenalen

Azuleno[2,1-*a*]azulen

Cycloocta[1,2-*a*:5,4-*a*']diinden

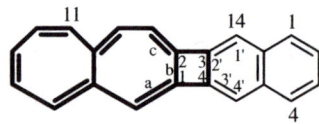

Naphtho[2',3':3,4]**cyclobuta[1,2-*b*]heptalen**

den Komponenten trennt. In einem solchen Fall muß auch der Lokantensatz des primären Anellanden für die Verknüpfung zur Basis vollständig angegeben werden.

Gesättigte Positionen in anellierten Systemen mit der maximalen Anzahl nichtkumulierter Doppelbindungen werden, wenn ihre Lage durch Verschieben von Doppelbindungen verändert werden kann, durch »indizierten Wasserstoff«, ein kursiv gesetztes großes *H* mit dem zugehörigen Lokanten, gekennzeichnet. Lediglich bei den in Tabelle 2 aufgeführten Verbindungen 1*H*-Inden, 9*H*-Fluoren oder 1*H*-Phenalen kann der indizierte Wasserstoff auch entfallen, während er bei Isomeren davon stets angegeben werden muß. Der Lokant für den indizierten Wasserstoff soll, wenn noch Wahlmöglichkeiten für die Bezifferung bestehen, möglichst niedrig sein und wird aus der Gesamtbezifferung ermittelt. Indizierter Wasserstoff muß also auch dann angegeben werden, wenn die entsprechende gesättigte Position in der Komponente nicht gekennzeichnet werden müßte, wie z. B. in 11*H*-Benzo[*a*]fluoren.

Gibt es weitere gesättigte Positionen, so handelt es sich um eine hydrierte Verbindung. Als Trivialname für ein teilweise gesättigtes System bleibt Indan erhalten. In allen anderen Fällen werden gesättigte Positionen hydrierter Verbindungen durch das Präfix Hydro- und ein entsprechendes numerisches Präfix angezeigt. Da man sich solche Verbindungen durch Reduktion von Doppelbindungen entstanden vorstellt, können hier nur geradzahlige numerische Präfixe auftre-

Inden
(1*H*-Inden)

3a*H*-Inden

3*H*-Fluoren
(nicht 6*H*-Fluoren)

11*H*-Benzo[*a*]fluoren

3*H*-Dibenzo[*a,d*][7]annulen

8*H*-Benzo[*c*]cyclopenta[*g*]phenanthren
(nicht 8*H*-Indeno[5,4-*c*]phenanthren)

Indan

Decahydronaphthalen
(oder Perhydronaphthalen)
(früher Decalin)

1,2,3,4-Tetrahydrobiphenylen

ten. Gegebenenfalls muß zusätzlich indizierter Wasserstoff angegeben werden. Dieser erhält dann von allen gesättigten Positionen den niedrigsten Lokanten und wird nach dem Hydropräfix genannt. Ist ein anelliertes System vollständig gesättigt, kann auch das Präfix Perhydro- verwendet werden.

Man beachte, daß die Komponenten eines anellierten Systems ihren Namen stets nur zum Aufbau des Gerüstes beitragen, in das dann wieder die maximal mögliche Zahl nichtkumulierter Doppelbindungen hineingelegt wird. Daher besitzt keines der weiter oben (s. S. 45) als Beispiel gewählten Indenofluorene eine gesättigte Position, obwohl sowohl Fluoren als auch Inden allein je eine gesättigte Position aufweisen. Bleiben diese gesättigten Positionen nach der Anellierung erhalten, müssen sie auf der Grundlage des nun neu bezifferten neuen Systems im Namen angegeben werden.

Treten anellierte Systeme als Substituenten auf, werden ihren Namen wie üblich die Endungen -yl bzw. -yliden mit entsprechendem Lokanten angehängt. Als Ausnahmen bleiben die drei Kurzformen Anthryl, Phenanthryl und Naphthyl erhalten, in die der Lokant für die freie Valenz nicht eingeschoben werden darf.

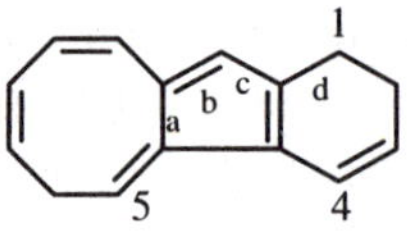

2,6-Dihydro-1*H*-cycloocta[*a*]inden

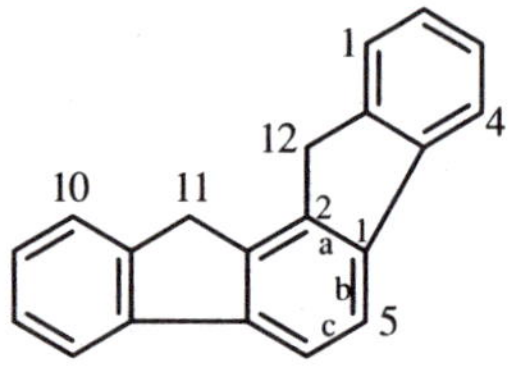

11,12-Dihydroindeno[2,1-*a*]fluoren

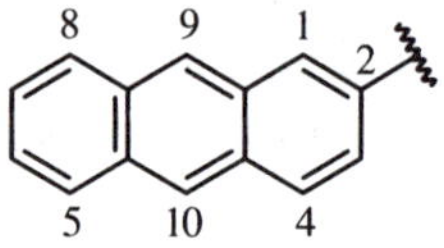

2-Anthryl
(Anthracen-2-yl)

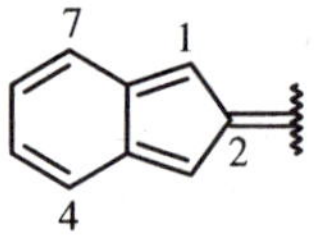

2*H*-Inden-2-yliden

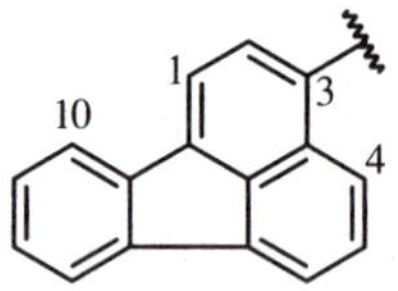

Fluoranthen-3-yl

5.4 Überbrückte anellierte Systeme

Wenn ein anelliertes System durch einzelne Atome oder größere Atomgruppen
überbrückt ist, wird seinem Namen ein
Präfix für die Brücke vorangestellt. Für
eine divalente Kette als Brücke wird dieses gebildet, indem dem Namen des entsprechenden Kohlenwasserstoffs die Endung o angefügt wird. Benzen als Brücke
wird zu Benzeno, während sich für die
meisten anderen Ringe der Brückenname
von dem Namen des entsprechenden
Anellanden durch Voranstellen der Vorsilbe Epi- ableitet. Im Namen der Brücke
eventuell benötigte Lokanten werden in
eckige Klammern eingeschlossen, da sie
sich nicht von der Bezifferung der
Gesamtverbindung ableiten. Zur Kennzeichnung der Lage einer Brücke werden
ihrem Namen die bei Wahlmöglichkeiten
möglichst niedrigen Lokanten für die
Brückenköpfe vorangestellt. Dazu wird
das zugrundeliegende anellierte System
wie gewohnt beziffert. Die Bezifferung
der Brücken erfolgt anschließend, wobei
unabhängig von deren Größe an dem
höchstnumerierten Brückenkopfatom begonnen wird. Die Angabe eventuell vorhandener gesättigter Positionen des anellierten Systems erfolgt im Namen vor der
Nennung der Brücke.

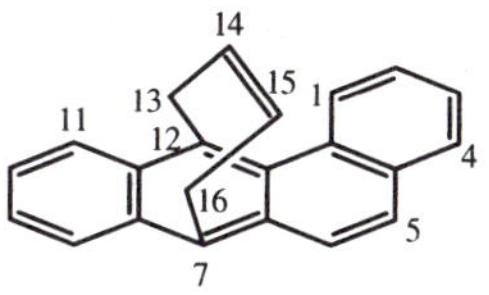

7,12-But[2]enotetraphen

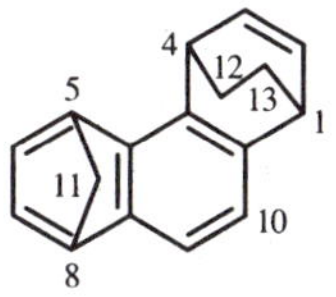

1,4-Dihydro-1,4-ethano-5,8-methanophenanthren

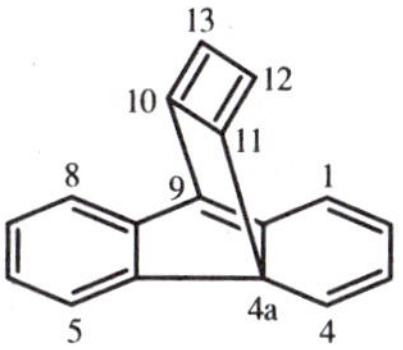

4a,9-[1,2]Epicyclobutafluoren

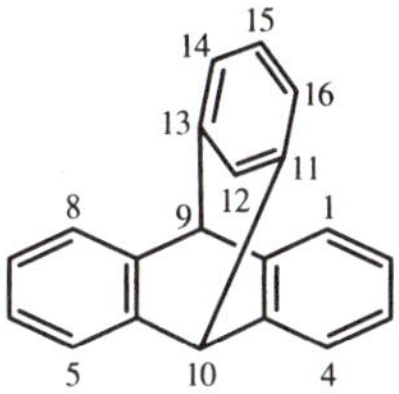

9,10-Dihydro-9,10-[1,3]benzenoanthracen

6 Spiroverbindungen

Verbindungen, in denen zwei benachbarte Ringe genau ein gemeinsames Atom besitzen, das zugleich die einzige Verknüpfung zwischen diesen beiden Ringen darstellt, nennt man Spiroverbindungen, das gemeinsame Atom Spiroatom.

Der Name einer Spiroverbindung beginnt mit dem Präfix Spiro-. Besteht sie aus genau zwei Ringen, folgen eckige Klammern und schließlich der Stammname, der dem des offenkettigen Kohlenwasserstoffs mit der gleichen Gesamtzahl an Kohlenstoffatomen entspricht. In den eckigen Klammern wird durch einen Punkt voneinander getrennt und im Gegensatz zu den verbrückten Ringsystemen in aufsteigender Reihenfolge die Anzahl der Gerüstatome außer dem Spiroatom in jedem Ring angegeben.

Besitzt eine Verbindung mehrere Spiroatome, wird der Vorsilbe Spiro- ein multiplikatives Präfix (s. Tabelle 1, S. 15) für die Anzahl der Spiroatome vorangestellt. In den eckigen Klammern findet sich, wenn die Zahl der Ringe nur um eins größer ist als die Zahl der Spiroatome, eine längere durch Punkte gegliederte Zahlenfolge. Sie gibt die Anzahl der Gerüstatome zwischen den einzelnen Spiroatomen an, wobei mit dem kleinsten endständigen Ring begonnen, danach zuerst der kürzeste Weg zum nächsten endständigen Ring gewählt, dieser umrundet und schließlich der weitere Weg um die Verbindung herum zum ersten Spiroatom zurück beschritten wird.

Spiro[4.5]decan

Spiro[3.5]nonan

Dispiro[4.1.5.2]tetradecan

Die Bezifferung erfolgt in derselben Reihenfolge, so daß sich der niedrigstmögliche Lokantensatz für die Spiroatome ergibt. Begonnen wird neben dem Spiroatom im kleinsten endständigen Ring.

Zur Unterscheidung unverzweigter und verzweigter Polyspiroverbindungen wird bei Verbindungen mit mehr als zwei Spiroatomen der Lokant eines Spiroatoms, das zum wiederholten Mal erreicht wird, als Hochzahl an die entsprechende Ziffer für die Anzahl der verbindenden Atome angefügt.

Die Chemical Abstracts verwenden bisher keine hochgestellten Lokanten, was zu Namen führt, die nicht mehr eindeutig sind (vgl. nebenstehende Beispiele).

Mehrfachbindungen und freie Valenzen werden in der gewohnten Weise angegeben. Dabei ersetzen die Endungen -en und -in die Endung -an. Die Endungen -yl bzw. -yliden werden ohne Ausnahme mit entsprechendem Lokanten an den Namen der Spiroverbindung (auch an die Endung -an!) angefügt. Bestehen dabei noch Wahlmöglichkeiten für die Bezifferung, so werden wie üblich zuerst möglichst niedrige Lokanten für die freien Valenzen und dann für die Mehrfachbindungen vergeben.

Bei Spiroverbindungen, in denen mindestens ein Ring zugleich Bestandteil eines anellierten oder verbrückten polycyclischen Ringsystems ist, folgen dem Präfix Spiro-, gegebenenfalls mit vorangestelltem numerischem Präfix für die Anzahl der Spiroatome, in eckigen Klammern die Namen der Komponenten in der Reihenfolge ihres Auftretens. Dabei wird die alphabetisch erstgenannte endständige Komponente auch im Namen zuerst genannt. Die Bezifferung der einzelnen Ringsysteme wird, beibehalten, jedoch

Trispiro[2.1.2.3^8.3^5.3^3]heptadecan
(C. A.: trispiro[2.1.2.3.3.3]heptadecane)

Trispiro[2.1.2^5.3.3^{11}.3^3]heptadecan
(C. A.: trispiro[2.1.2.3.3.3]heptadecane)

Dispiro[8.1.8.2]henicosa-2,20-dien-13-in

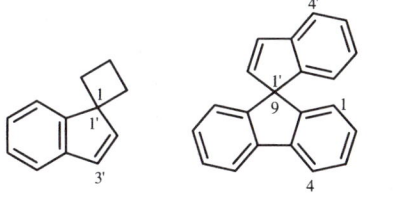

Spiro[4.6]undecan-7-yl   Spiro[4.4]non-6-en-2-yl

Spiro[cyclobutan-1,1'-inden]   Spiro[fluoren-9,1'-inden]

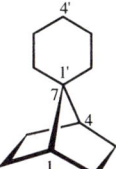

Spiro[bicyclo[2.2.1]heptan-7,1'-cyclohexan]

werden der zweitgenannten Komponente gestrichene, der dritten doppelt gestrichene Lokanten usw. zugeteilt. Die Lokanten für die Spiroatome, die bei Wahlmöglichkeiten möglichst niedrig sein sollen, werden zwischen den Namen der betreffenden Komponenten eingefügt.

Verbleiben nach der Spiroverknüpfung in einer anellierten Komponente gesättigte Positionen an Atomen, an denen eine Doppelbindung möglich wäre, werden diese wie gewohnt durch indizierten Wasserstoff und Hydropräfixe vor dem Präfix Spiro- angegeben.

Die Chemical Abstracts behandeln gesättigte Positionen als Bestandteil der Komponenten, so daß dort auch für das Spiroatom indizierter Wasserstoff angegeben wird. Muß zur Ausbildung der Spiroverknüpfung eine Doppelbindung hydriert werden, wird allerdings statt Hydropräfixen addierter Wasserstoff nur für die zweite gesättigte Position in runden Klammern eingeschlossen direkt im Anschluß an den Lokanten für das entsprechende Spiroatom angegeben. Statt von addiertem Wasserstoff wird in solchen Fällen oft fälschlich ebenfalls von indiziertem Wasserstoff gesprochen.

Wenn eine Spiroverbindung aus zwei gleichen polycyclischen Einheiten besteht, werden die beiden Lokanten für das Spiroatom und das Präfix Spirobi- dem in eckigen Klammern eingeschlossenen Namen der Komponente vorangestellt. Dabei erhält die Komponente mit dem höheren Lokanten für das Spiroatom die gestrichenen Lokanten.

Die Benennung solcher Spirosysteme als Substituenten erfolgt in der gewohnten Weise durch Anfügen der Endungen -yl bzw. -yliden mit zugehörigem Lokanten an den Namen.

1*H*-Spiro[naphthalen-2,1'-phenalen]
(C. A.: spiro[naphthalene-2(1*H*),1'-[1*H*]phenalene])

3'*H*-Spiro[cyclohexan-1,2'- phenanthren]
(C. A.: spiro[cyclohexane-1,2'(3'*H*)-phenanthrene])

Dispiro[fluoren-9,1'-cyclohexan-4',1''-inden]

1,1'-Spirobi[inden]

2,3'-Spirobi[bicyclo[3.2.1]octan]

Spiro[cyclopentan-1,2'-inden]-1'-yl

7 Ringverbände (verknüpfte Ringsysteme)

Wenn mehrere gleiche Ringe oder Ringsysteme über je eine Einfach- oder Doppelbindung direkt miteinander verknüpft sind, spricht man von Ringverbänden.

Unverzweigte Ringverbände werden benannt, indem dem Namen der Komponenten das entsprechende multiplikative Präfix Bi- (2), Ter- (3), Quater- (4), Quinque- (5), Sexi- (6), Septi- (7), Octi- (8), Novi- (9) bzw. Deci- (10) für deren Anzahl vorangestellt wird.

Regeln zur Benennung verzweigter Ringverbände, die nur aus identischen Ringsystemen bestehen, gibt es noch nicht. Für die Benennung cyclisch geschlossener Ringverbände wird zumeist die Phannomenklatur (s. S. 71ff.) zu verwenden sein, während in einigen Fällen auch die Anellierungsnomenklatur (z. B. Triphenylen, s. S. 37, 39) benutzt werden muß.

Zur Kennzeichnung der Verknüpfungsstellen eines Ringverbandes wird dem Namen ein Lokantensatz bestehend aus zwei Lokanten für jede Verknüpfung vorangestellt. Sie ergeben sich aus der beibehaltenen Bezifferung der Teilsysteme, wobei die endständige Komponente mit dem niedrigsten Lokanten für die Verknüpfungsstelle ungestrichene Lokanten behält. Den folgenden Komponenten werden der Reihe nach einfach, doppelt usw. gestrichene Lokanten zugeteilt. Lokanten für eine Verknüpfung werden wie gewohnt durch Komma, die einzelnen Lokantensätze durch Doppelpunkte getrennt und in der Reihenfolge ihres Auftretens beginnend mit der ungestrichen bezifferten Komponente genannt.

1,2'-Biinden

1,1':3',1''-Tercyclopentan

1,2'-Bianthracen oder 1,2'-Bianthryl

Für Ringverbände, die nur aus Benzen-ringen bestehen, tritt an die Stelle des Komponentennamens Benzen generell der Name Phenyl. Gleichermaßen kann für Ringverbände aus nur zwei identi-schen Ringsystemen statt des Namens der Komponente der von ihm abgeleitete Substituentenname verwendet werden. Von dieser Möglichkeit wird vielfach Gebrauch gemacht, wenn es Kurzformen für diese Substituenten gibt. In den übri-gen Fällen ist sie aber umständlich und nicht sinnvoll, denn sie erfordert die un-nötige doppelte Angabe der Lokanten und ist dadurch zudem auf die Fälle be-schränkt, in denen die Verknüpfungs-lokanten in beiden Ringen gleich sind. Ringverbände, die durch eine Doppel-bindung verknüpft sind, können dagegen nur auf der Basis des entsprechenden (zweibindigen) Substituenten benannt werden. Dabei ist zu beachten, daß in Fällen, in denen innerhalb des Namens der Komponente Lokanten benötigt wer-den, dieser durch Klammern einge-schlossen werden sollte. Ferner muß der Komponentenname, wenn er mit dem Präfix Cyclo- beginnt, nach dem multi-plikativen Präfix Bi- in (runde) Klam-mern gesetzt werden, um Verwechslun-gen mit dem Präfix Bicyclo- (s. S. 32) zu vermeiden.

Nur Biphenyl wird ohne Lokanten ver-wendet, obwohl auch bei anderen Ring-verbänden aus nur zwei Monocyclen die Angabe der Lokanten für die Verknüp-fungsstellen nicht notwendig wäre.

Tritt ein Ringverband als Substituent auf, kann dessen Name in eckige Klammern eingeschlossen werden, bevor die Endung für die freie Valenz angefügt wird.

Biphenyl

1,1':4',1'':4'',1'''-Quaterphenyl
(bevorzugt vor *p*-Quaterphenyl)

1,1'-Bi(cyclohexan) oder 1,1'-Bi(cyclohexyl)

2,2'-Biinden [oder 2,2'-Bi(inden-2-yl)]

1,1'-Bi(cyclopent-3-en) oder
1,1'-Bi(cyclopent-3-enyl)

9,9'-Bi(fluoren-9-yliden)   1,1'-Bi(cyclopentyliden)

[1,2'-Binaphthalen]-1'-yl
oder [1,2'-Binaphthalin]-1'-yl
oder [1,2'-Binaphthyl]-1'-yl

Biphenyl-3-yl

Sind verschiedene Ringe oder Ringsysteme über Einfach- oder Doppelbindungen miteinander verknüpft, so wird nach den folgenden in absteigender Priorität geordneten Kriterien (vgl. S. 42 und 108ff.) das Stammsystem ausgewählt. Seinem Namen werden die übrigen Ringe als Substituenten vorangestellt.

Stammsystem wird das Ringsystem, das

1. die meisten Ringe enthält,

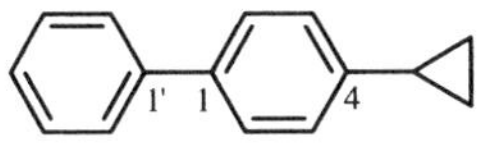

4-Cyclopropylbiphenyl

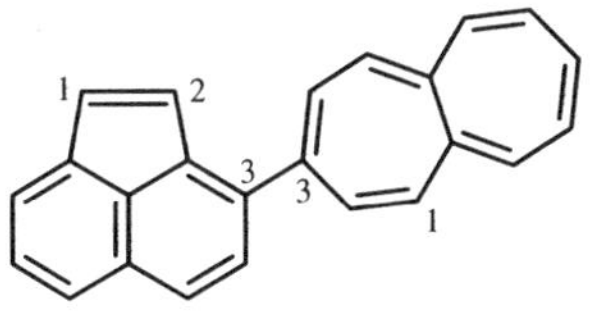

3-(Heptalen-3-yl)acenaphthylen

2. den größten Ring enthält,

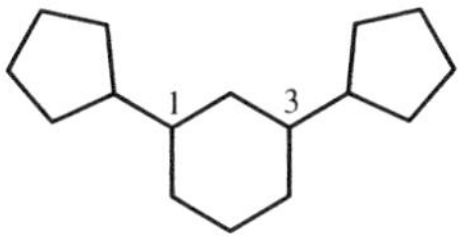

1,3-Dicyclopentylcyclohexan

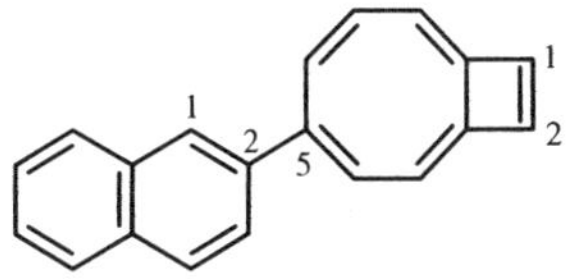

5-(2-Naphthyl)cyclobuta[8]annulen
(oder 5-(Naphthalen-2-yl)cyclobuta[8]annulen)

3. das am stärksten ungesättigte System ist.

In den IUPAC-Regeln ist an dieser Stelle ein weiteres nachgeordnetes Kriterium angegeben, nämlich das Ringsystem, das

(Cylohex-2-enyl)benzen
oder (Cylohex-2-enyl)benzol

4. nach Tabelle 2 (s. S. 37f.) die höhere Priorität aufweist.

Dieses Kriterium entspricht dem auf S. 42 genannten, des Systems mit der bevorzugten Orientierung, und sollte daher sinnvollerweise vor dem Grad der Unsättigung berücksichtigt werden, da letzterer kein Ordnungskriterium von Tabelle 2 ist.

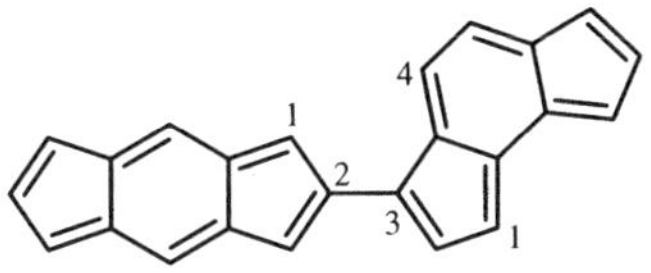

2-(*as*-Indacen-3-yl)-*s*-indacen

8   Heterocyclische Systeme

Heterocyclen sind Verbindungen, die Atome anderer Elemente als Kohlenstoff (Heteroatome) als Ringglieder aufweisen. Die wichtigsten sind Sauerstoff, Schwefel, Stickstoff, Phosphor, Arsen, Silicium und Bor, jedoch können nahezu alle Elemente des Periodensystems als Heteroatome in Ringen vorkommen.

8.1 Trivialnamen für Heteromonocyclen

Die Nomenklatur der Heterocyclen, auch die systematische, basiert auf einer Vielzahl von Trivialnamen, von denen die der Heteromonocyclen in Tabelle 3 zusammengestellt sind.

Für Heterocyclen als Substituenten wird wie gewohnt die Endung -yl mit zugehörigem Lokanten an deren Namen angefügt. Als Ausnahmen gibt es die Kurzformen Furyl, Pyridyl, Piperidyl und Thienyl (von Thiophen). Der Lokant für die freie Valenz steht dann vor dem Namen, weil in die Kurzformen kein Lokant eingeschoben werden darf. Ohne Lokant für die freie Valenz stehen die Bezeichnungen Furfuryl (2-Furylmethyl) und Thenyl (2-Thienylmethyl), die nur am Ring weitersubstituiert werden dürfen, sowie Piperidino für 1-Piperidyl (oder Piperidin-1-yl) und Morpholino für Morpholin-4-yl.

Die Endung o war früher für weitere Heterocyclen gebräuchlich, die als Substituenten über ihr Stickstoffatom mit einem Stammsystem verbunden sind.

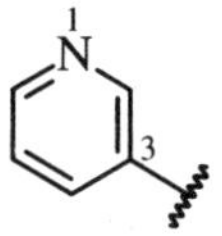

3-Pyridyl
(Pyridin-3-yl)
(nicht Pyrid-3-yl)

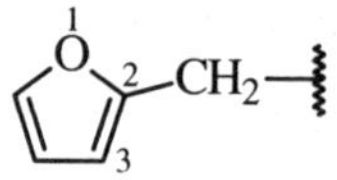

Furfuryl

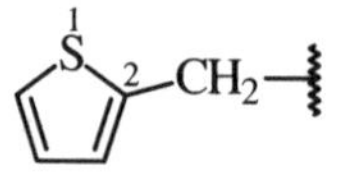

Thenyl

Tabelle 3: Trivialnamen für Heteromonocyclen

Furan[a]	Thiophen[a,b]	Pyrrol (1*H*-Pyrrol)[c]	Pyrazol (1*H*-Pyrazol)[c]	Imidazol (1*H*-Imidazol)[c]
2*H*-Pyran	4*H*-Thiopyran[b]	Pyridin[a]	Pyridazin	Pyrimidin
Pyrazin	Pyrrolidin[d]	Pyrazolidin[d]	Imidazolidin[d]	
Piperidin[a,d]	Piperazin[d]	Morpholin[d]	Thiomorpholin[b,d]	

[a] Für Substituenten werden die Kurzformen Furyl, Thienyl, Pyridyl und Piperidyl verwendet.
[b] Namen der Selen- oder Telluranaloga werden durch Verwendung von Seleno bzw. Telluro anstelle von Thio gebildet.
[c] Wenn kein indizierter Wasserstoff angegeben wird, ist das abgebildete Isomer gemeint.
[d] Diese Namen dürfen nicht für Komponenten in der Anellierungsnomenklatur verwendet werden.

8.2 Hantzsch-Widman-Nomenklatur

Heterocyclen mit bis zu zehn Ringgliedern, für die kein Trivialname in Tabelle 3 aufgeführt ist, werden vorzugsweise nach dem erweiterten Hantzsch-Widman-System benannt. Dazu werden als a-Terme bezeichnete Präfixe für die Heteroatome (s. Tabelle 4) mit einem Stamm aus Tabelle 5 kombiniert, der die Ringgröße und den Sättigungsgrad anzeigt. Unterschieden wird zwischen gesättigten Ringen und ungesättigten, womit Ringe mit der maximalen Anzahl nichtkumulierter Doppelbindungen unter Beachtung der Standardbindungszahl der Heteroatome gemäß Tabelle 4 gemeint sind. Um zu vermeiden, daß dabei zuviele Vokale aufeinander folgen, wird das Schluß-a der a-Terme weggelassen, wenn ein Vokal direkt nachfolgt.

Treten verschiedene Heteroatome in einem Ring auf, werden deren a-Terme im Namen in der Reihenfolge geordnet, wie sie in Tabelle 4 angegeben sind. Dies entspricht der Reihenfolge ihrer Priorität, die sich aus der Stellung der Elemente im Periodensystem ergibt. Dort nimmt die Priorität mit abnehmender Gruppennummer und innerhalb jeder Gruppe mit zunehmender Ordnungszahl ab.

Einem a-Term für ein Heteroatom, das mehrmals im Ring vorhanden ist, wird ein entsprechendes multiplikatives Präfix (s. Tabelle 1, S. 15) vorangestellt, wobei dessen Schluß-a entfällt, wenn der a-Term mit einem Vokal beginnt. Zur Unterscheidung von Isomeren müssen außerdem die Lokanten aller Heteroatome im Namen angegeben werden. Und zwar werden sie abweichend von der Grundregel, daß Lokanten direkt vor der Silbe stehen, deren Position sie angeben, als Lokantensatz vor dem ersten a-Term zusammengefaßt und dort in derselben Reihenfolge angegeben, wie die zugehörigen a-Terme genannt sind. Dazu muß zuerst die Bezifferung festgelegt werden, die am Heteroatom der höchsten Priorität beginnt. Kommt es mehrmals vor, wird dasjenige ausgewählt, mit dem sich der niedrigste Lokantensatz für alle Heteroatome zusammen ergibt. Bestehen dann noch Wahlmöglichkeiten, wird die Bezifferung so festgelegt, daß sich der

Phosphetan
(nicht Phosphaetan)

Thiepin
(nicht Thiaepin)

1*H*-Aziren
oder 1*H*-Azirin

1,3-Diarsolan

1,3-Diazepan

1,3-Oxazol
(bisher auch Oxazol)

1,2-Oxazol
(trivial auch
Isoxazol)

1,2-Thiazol
(trivial auch
Isothiazol)

1,3-Azaphospholidin
oder 1,3-Azaphospholan

1,2,5-Oxadiazol
(früher Furazan)

1,4,3-Oxaselenazinan

6*H*-1,3-Oxathiin
oder 2*H*,6*H*-1,3-Oxathiin

4*H*,6*H*-1,7,2,5-Thiastibasilamercurocin

Tabelle 4: Ausgewählte a-Terme für Heteroatome in der Reihenfolge abnehmender Priorität*

Element	Standardbindungszahl	Präfix
F	1	Fluora
Cl	1	Chlora
Br	1	Broma
I	1	Ioda
O	2	Oxa
S	2	Thia
Se	2	Selena
Te	2	Tellura
N	3	Aza
P	3	Phospha
As	3	Arsa
Sb	3	Stiba
Bi	3	Bisma
Si	4	Sila
Ge	4	Germa
Sn	4	Stanna
Pb	4	Plumba
B	3	Bora
Hg	2	Mercura

* Eine vollständige Liste aller a-Terme befindet sich im Anhang (Tabelle 23, S. 138).

Tabelle 5: Stammnamen im Hantzsch-Widman-System

Ringgröße	ungesättigt[a]	gesättigt[b]
3	iren[c]	iran[d]
4	et	etan[d]
5	ol	olan[d]
6A[e,f]	in	an
6B[e,f]	in	inan
6C[e]	inin	inan
7	epin	epan
8	ocin	ocan
9	onin	onan
10	ecin	ecan

[a] Für Ringe mit der maximalen Anzahl nichtkumulierter Doppelbindungen und mindestens einer Doppelbindung.

[b] Für Ringe, in denen keine Doppelbindung vorhanden oder möglich ist.

[c] Für Ringe, die nur Stickstoff als Heteroatome enthalten, kann auch der Stamm -irin verwendet werden.

[d] Für gesättigte stickstoffhaltige Ringe mit 3, 4 bzw. 5 Ringgliedern werden die Stammnamen -iridin, -etidin und -olidin bevorzugt.

[e] Welcher Stamm für einen sechsgliedrigen Ring verwendet wird, hängt davon ab, zu welcher der folgenden Gruppen das rangniedrigste Heteroatom im Ring gehört:
Gruppe A: O, S, Se, Te, Bi, Hg
Gruppe B: N, Si, Ge, Sn, Pb
Gruppe C: F, Cl, Br, I, P, As, Sb, B.

[f] Die Namen Oxin und Azin (für Pyran bzw. Pyridin) können nicht verwendet werden, da Oxin als Trivialname für Chinolin-8-ol in Gebrauch war (vgl. S. 115) und Azin der Klassenname für Verbindungen mit der Struktureinheit =N–N= ist.

niedrigste Lokantensatz für die Heteroatome in der Reihenfolge ihrer Priorität (vgl. Tabelle 4) ergibt.

Teilweise gesättigte Heterocyclen werden auf der Grundlage der Verbindungen mit der maximalen Anzahl nichtkumulierter Doppelbindungen benannt. Wie bei den anellierten Kohlenwasserstoffen werden gesättigte Positionen durch indizierten Wasserstoff und Hydropräfixe angegeben (vgl. S. 47f.), wobei hier besonders die geringere Anzahl möglicher Doppelbindungen bei Heteroatomen mit niedriger Standardbindungszahl zu beachten ist. Bestehen noch Wahlmöglichkeiten für die Bezifferung, erhalten zuerst der indizierte Wasserstoff und dann die hydrierten Positionen möglichst niedrige Lokanten.

3,6-Dihydro-1,2,4-oxathiaborinin

1,2-Dihydrophosphinin

6,7-Dihydro-5*H*-1,4,5,2-dioxazagermonin

8.3 Anellierte heterocyclische Systeme

Auch bei den anellierten Heterocyclen gibt
es eine große Zahl von Trivialnamen, die
in den Tabellen 6 und 7 zusammengstellt
sind.

Tabelle 6: Trivialnamen für anellierte Heterocyclen in der Reihenfolge abnehmender Priorität*

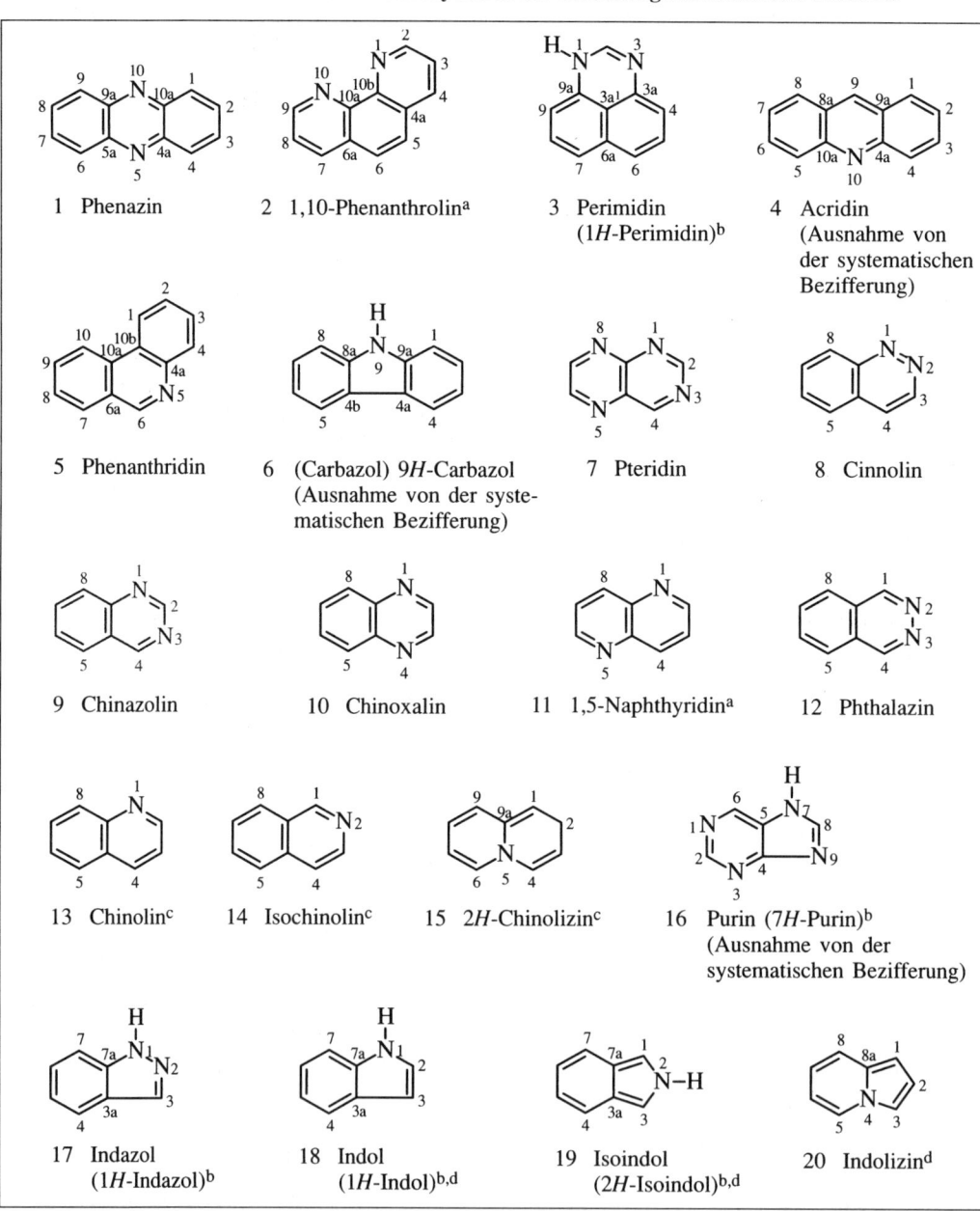

1 Phenazin

2 1,10-Phenanthrolin[a]

3 Perimidin
(1H-Perimidin)[b]

4 Acridin
(Ausnahme von
der systematischen
Bezifferung)

5 Phenanthridin

6 (Carbazol) 9H-Carbazol
(Ausnahme von der syste-
matischen Bezifferung)

7 Pteridin

8 Cinnolin

9 Chinazolin

10 Chinoxalin

11 1,5-Naphthyridin[a]

12 Phthalazin

13 Chinolin[c]

14 Isochinolin[c]

15 2H-Chinolizin[c]

16 Purin (7H-Purin)[b]
(Ausnahme von der
systematischen Bezifferung)

17 Indazol
(1H-Indazol)[b]

18 Indol
(1H-Indol)[b,d]

19 Isoindol
(2H-Isoindol)[b,d]

20 Indolizin[d]

Tabelle 6: Trivialnamen für anellierte Heterocyclen in der Reihenfolge abnehmender Priorität*
(Fortsetzung)

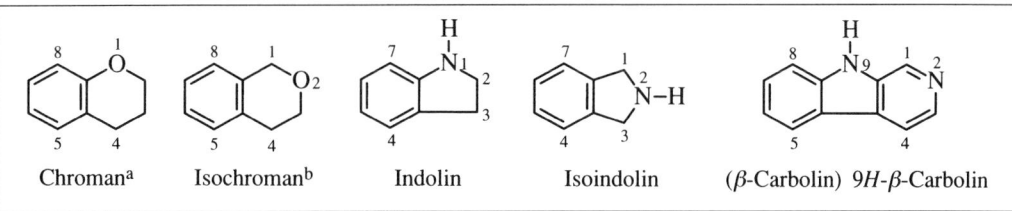

21 1*H*-Pyrrolizin

22 Xanthen (9*H*-Xanthen)[b,e]
(Ausnahme von der
systematischen Bezifferung)

23 2*H*-Chromen[e]
(C. A.: 2*H*-1-benzo-
pyran)

24 Isochromen
(1*H*-Isochromen)[b,f]
(C. A.: 1*H*-2-benzo-
pyran)

25 1*H*-Phosphindol

26 2*H*-Isophosphindol

27 Acridarsin
(systematische
Bezifferung!)

28 Arsanthridin

---

* Gemäß nachfolgender Anmerkungen abgeleitete Analoga sind entsprechend der auf S. 64ff. genannten Prioritäts-regeln in den meisten Fällen an anderer Stelle in der Tabelle einzuordnen als die zugrundeliegende Verbindung.

[a] Dieser Name gilt mit entsprechenden Lokanten auch für die anderen Isomere, bei denen je ein Stickstoffatom in jedem terminalen Ring enthalten ist.

[b] Für das abgebildete Isomer wird der Name generell ohne die Angabe des indizierten Wasserstoffs verwendet.

[c] Die Namen der Phosphor- und Arsenanaloga werden gebildet, indem die Buchstaben »ch« durch »phosph« bzw. »ars« ersetzt werden.
Für Substituenten werden die Kurzformen Chinolyl und Isochinolyl verwendet.

[d] Die Namen der Phosphor- und Arsenanaloga werden gebildet, indem dem Namensteil »indol« die Buchstabenfolge »phosph« bzw. »ars« direkt vorangestellt wird. (Siehe z. B. Formeln 25 und 26.)

[e] Namen der Chalkogenanaloga werden durch Voranstellen der Präfixe Thio-, Seleno- bzw. Telluro- gebildet.

[f] Namen der Chalkogenanaloga werden durch Einschieben der Präfixe thio-, seleno- bzw. telluro- nach dem Präfix Iso- gebildet.

Tabelle 7: Trivialnamen für anellierte Heterocyclen, die nicht als Komponenten in der Anellierungsnomenklatur verwendet werden dürfen

Chroman[a] Isochroman[b] Indolin Isoindolin (β-Carbolin) 9*H*-β-Carbolin

---

[a] Namen der Chalkogenanaloga werden durch Voranstellen der Präfixe Thio-, Seleno- bzw. Telluro- gebildet.

[b] Namen der Chalkogenanaloga werden durch Einschieben der Präfixe thio-, seleno- bzw. telluro- nach dem Präfix Iso- gebildet.

Für ihre Bezifferung gelten dieselben Orientierungsregeln, wie sie für anellierte Kohlenwasserstoffe auf S. 40 beschrieben wurden. Bestehen danach mehrere Möglichkeiten, wird nach folgenden nach abnehmender Priorität geordneten Kriterien die Orientierung gewählt, bei der

1. der niedrigste Lokantensatz für alle Heteroatome gemeinsam resultiert,

2. sich der niedrigste Lokantensatz für die Heteroatome in der Reihenfolge ihrer Priorität (vgl. Tabelle 4) ergibt,

3. die niedrigsten Lokanten für die Kohlenstoffatome in Anellierungspositionen erhalten werden,

4. der indizierte Wasserstoff den niedrigsten Lokanten erhält (auch wenn er nicht ausdrücklich im Namen genannt wird).

Dabei gilt zu beachten, daß Heteroatome in Anellierungspositionen bei der Bezifferung nicht übergangen, sondern fortlaufend mitnumeriert werden. Zur Verdeutlichung dieser Regeln ist für die in Tabelle 6 aufgeführten Verbindungen die Bezifferung mit angegeben. Als Ausnahmen sind nur Xanthen, dessen Chalkogenanaloga und Acridin (Bezifferung wie Anthracen) sowie Carbazol (Bezifferung wie Fluoren) und Purin (völlig unsystematische Bezifferung) zu beachten.

Für sechsgliedrige Heterocyclen mit zwei Heteroatomen in den Positionen 1 und 4, an die zwei Benzenringe anelliert sind, wird der Name wie folgt gebildet. Sind die beiden Heteroatome identisch, wird an den a-Term aus Tabelle 4 unter Auslassung von dessen Schluß-a die Nachsilbe -anthren angehängt. Handelt es sich um zwei unterschiedliche Heteroatome, wird der Hantzsch-Widman-Name des Heterocyclus mit dem Präfix Pheno- versehen, wobei das o von Pheno- entfällt, wenn ein a oder ein o folgt. Als Ausnahme bleibt Phenazin (vgl. Tabelle 6) erhalten.

Besitzt ein anellierter Heterocyclus keinen Trivialnamen und kann auch nicht auf diese Weise halbsystematisch benannt werden, wird sein Name nach denselben Regeln wie bei den anellierten Kohlenwasserstoffen aus den enthaltenen Komponenten zusammengesetzt. Als Komponentennamen für Heterocyclen sind die in den Tabellen 3 und 6 aufgeführten ungesättigten Verbindungen und die oben beschriebenen halbsystematisch gebildeten Namen mit dem Präfix Phenooder dem Suffix -anthren zu verwenden. Für alle anderen heterocyclischen Komponenten wird der Hantzsch-Widman-Name der entsprechenden ungesättigten Verbindung verwendet. Dabei werden die Lokanten für die Heteroatome der Komponenten wie auch die Anellierungspositionen generell in eckige Klammern eingeschlossen, da sie aus der Bezifferung der Komponenten und nicht aus der des gesamten anellierten Systems ermittelt werden. (Anders als bisher werden die eckigen Klammern auch dann nicht weggelassen, wenn sich aus der Gesamtbezifferung zufällig dieselben Lokanten für die Heteroatome ergeben sollten.)

Thianthren

Oxanthren (bisher Dibenzo[1,4]dioxin oder Dibenzo[*b*,*e*][1,4]dioxin)

aber: Phenazin (statt Azanthren)

10*H*-Phenothiazin

1*H*-Phenoxaphosphinin

Der Name für einen Heterocyclus als Anelland wird wie üblich gebildet, indem seinem Namen der Buchstabe o angefügt wird. Als Ausnahmen sind die Kurzformen Furo, Imidazo, Pyrido, Pyrimido und Thieno (von Thiophen) zu verwenden.

Die bisher gebräuchlichen Kurzformen Chino und Isochino sollen nicht mehr verwendet werden.

Zur Festlegung der Basiskomponente werden die folgenden Kriterien der Reihe nach herangezogen, bis eine Entscheidung fällt. Dabei gilt wie stets bei solchen Kriterienlisten, daß ein nachfolgendes Kriterium nur noch auf die Ringsysteme angewandt wird, die zuvor noch nicht ausgeschlossen wurden.

Danach wird die Basiskomponente

1. ein heterocyclisches System,

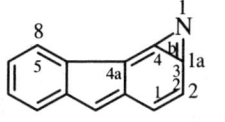

Fluoreno[3,4-*b*]aziren
oder Fluoreno[3,4-*b*]azirin

2a. ein stickstoffhaltiges Ringsystem (weil stickstoffhaltige Heterocyclen sowohl in der Chemie als auch in der Pharmazie eine besondere Bedeutung haben),

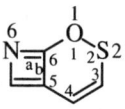

[1,2]Oxathiino[6,5-*b*]azet   Chromeno[3,2-*b*]pyrrol

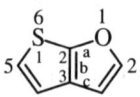

1,5-Dihydrothieno[2,3-*b*:4,5-*c'*]dipyrrol

2b. wenn kein stickstoffhaltiger Ring vorhanden ist, das Ringsystem, das das Heteroatom der höchsten Priorität enthält (bei stickstoffhaltigen Verbindungen wird dieses Kriterium übersprungen),

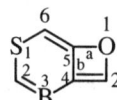

Thieno[2,3-*b*]furan   [1,3]Thiaborinino[5,4-*b*]oxet

3. das Ringsystem mit den meisten Ringen,

[1,3,4]Oxathiazino[6,5-*b*]phenothiazin
oder 3*H*-[1,3,4]Oxathiazino[6,5-*b*]phenothiazin

2*H*-Benzo[*g*]pyrido[2,3-*b*]indol
(**b**enzo vor **p**yrido)

4*H*-[1,2,3]Oxadiazolo[4,5-*a*]carbazol

4. das Ringsystem, das beim Vergleich
   der nach ihrer Größe geordneten Ringe den größten Ring an der ersten
   unterscheidbaren Position besitzt,

5,6-Dihydro-
imidazo[1,5-*a*]pyridin

4*H*-[1,2]Oxasilolo[5,4-*b*]pyran

5. das Ringsystem mit den meisten
   Heteroatomen,

Furo[3',4':5,6]pyrido[2,3-*g*]chinazolin

Benzo[*b*][1,8]naphthyridin
(nicht Pyrido[2,3-*b*]chinolin)

4*H*-Pyrido[3,2-*b*][1,4]oxazin

6. das Ringsystem mit der größten Vielfalt an Heteroatomen,

6*H*-Pyrimido[1,2-*a*][1,4]azaphosphinin

16*H*-Dichinoxalino[2,3-*b*:2',3'-*i*]phenoxazin

7. das Ringsystem, das beim Vergleich der nach ihrer Priorität geordneten Heteroatome das Heteroatom der höchsten Priorität an der ersten unterscheidbaren Position besitzt,

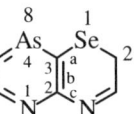

2H-[1,4]Azarsinino[3,2-b][1,4]selenazin

8. das Ringsystem mit dem niedrigsten Lokantensatz für alle Heteroatome gemeinsam,

Pyrimido[4,5-c]pyridazin

9. das Ringsystem mit dem niedrigsten Lokantensatz für die nach ihrer Priorität geordneten Heteroatome.

[1,4,2]Oxathiazino[3,2-c][1,2,4]oxathiazin oder 9aH-[1,4,2]Oxathiazino[3,2-c][1,2,4]oxathiazin

Das mehrfache Vorkommen einer Komponente wird gewöhnlich durch die aus Tabelle 1 zu entnehmenden multiplikativen Präfixe Di-, Tri- usw. angegeben. Würden diese jedoch Anlaß zu möglichen Fehlinterpretationen geben, so werden stattdessen die multiplikativen Präfixe Bis-, Tris- usw. verwendet.

9,11-Dihydrobisoxepino[2,3-b:4',3'-e]pyridin

Abweichend von dem bisher beschriebenen Verfahren gibt es für Heteromonocyclen mit einem anellierten Benzenring eine alternative Regel zur Benennung, die insbesondere bei den Chemical Abstracts ausgiebig angewandt wird, obwohl sie kaum eine Vereinfachung, dafür aber eine Reihe von Ausnahmen mit sich bringt. Dem Namen des Heterocyclus wird das Präfix Benzo ohne Angabe der Anellierungspositionen direkt vorangestellt. Bei diesem Verfahren entfällt das o von Benzo, wenn ein Vokal nachfolgt. Lokanten für die Heteroatome werden, soweit erforderlich, aus der Bezifferung der Gesamtverbindung gemäß der ge-

2-Benzofuran
Isobenzofuran
(Benzo[c]furan)

1-Benzofuran
(Benzofuran)
(Benzo[b]furan)

4H-1,3-Benzothiazin
(4H-Benzo[e][1,3]thiazin)

4H-3,1-Benzothiazin
(4H-Benzo[d][1,3]thiazin)

wohnten Regeln für anellierte Systeme ermittelt und dem Namen in der Reihenfolge vorangestellt, wie die Heteroatome genannt werden. Eine Angabe der Lokanten der Heteroatome als Bestandteil des Heteromonocyclus ist somit überflüssig und entfällt.

So gebildete Namen können als Komponenten in höher anellierten Verbindungen eingesetzt werden, wenn andernfalls ein Benzo-Anelland im Namen einzeln genannt werden müßte.

8.4 Austauschnomenklatur (a-Nomenklatur)

Das an sich einfachste Verfahren zur Benennung heterocyclischer Verbindungen, die Austauschnomenklatur, auch a-Nomenklatur genannt, hat einen sehr eingeschränkten Anwendungsbereich. Es wird praktisch ausschließlich für Verbindungen verwendet, die nach den bisher vorgestellten Regeln nicht benannt werden können, also für Ringe mit mehr als zehn Ringgliedern, verbrückte Heterocyclen und heterocyclische Spiroverbindungen, darüber hinaus für Ketten mit mindestens vier Heteroatomen in der zu benennenden Einheit (s. Beispiel S. 106). In der Praxis werden auch kleinere siliciumhaltige Ringe nahezu ausschließlich nach der Austauschnomenklatur benannt, obwohl es völlig unlogisch ist, einem Monocyclus, der als Komponente in einem anellierten System nach dem Hantzsch-Widman-System benannt wird (vgl. S. 63ff.), einen anderen Namen zu geben, wenn er isoliert vorkommt.

Grundlage für einen Austauschnamen ist der Name des entsprechenden Kohlenwasserstoffs mit der gleichen Anzahl von Ringgliedern, dem die a-Terme für die

2,1-Benzoxaphosphol
(Benzo[c][1,2]oxaphosphol)

1H-1,4-Benzodiazepin
(1H-Benzo[e][1,4]diazepin)

1H-Benzimidazol

1-Silacyclopenta-2,4-dien
1H-Silol (s. S. 57ff.)

1,10-Dithia-2-stibacyclododec-11-en

Heteroatome (s. Tabelle 4, S. 59) in der Reihenfolge ihrer Priorität vorangestellt werden. Anders als im Hantzsch-Widman-System werden dabei keine Vokale ausgelassen (daher auch der Name a-Nomenklatur). Die Lokanten werden der allgemeinen Grundregel entsprechend direkt vor dem jeweiligen a-Term bzw. dem zugehörigen multiplikativen Präfix angegeben. Dabei ist zu beachten, daß sich die Zahl der an das Heteroatom gebundenen Wasserstoffatome entsprechend der Standardbindungszahl des Heteroatoms gegenüber dem zugrundeliegenden Kohlenwasserstoff verändert.

Für Heteromonocyclen gelten in der Austauschnomenklatur dieselben Bezifferungsregeln wie nach dem Hantzsch-Widman-System (s. S. 58f.). Anschließend werden freie Valenzen und Mehrfachbindungen für die Bezifferung berücksichtigt.

Bei einfachen Spiroverbindungen oder verbrückten Systemen sind zuerst die Bezifferungsregeln für die entsprechenden Kohlenwasserstoffgerüste zu beachten. Bestehen dann noch Wahlmöglichkeiten, sollen die Heteroatome einen möglichst niedrigen Lokantensatz erhalten. Bestehen dann weiter Alternativen, werden die Heteroatome in der Reihenfolge ihrer Priorität berücksichtigt, danach freie Valenzen und schließlich Mehrfachbindungen.

Für kationisch vorliegende Heteroatome mit einer Bindung mehr, als es ihrer Standardbindungszahl entspricht, wird das Schluß-a der a-Terme aus Tabelle 4 durch -onia ersetzt. Ein a-Term für ein anionisch vorliegendes Heteroatom mit einer Bindung mehr, als es seiner Standardbindungszahl entspricht, wird dagegen durch Anfügen der Endung -uida an den Namen der von diesem Element

3-Oxa-1-azabicyclo[2.2.2]octan

1-Azabicyclo[2.2.2]octan
Chinuclidin

9-Oxa-6-phospha-1-boraspiro[4.5]decan

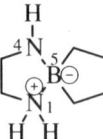

4-Aza-1-azonia-5-boranuidaspiro[4.4]nonan
(früher 4-Aza-1-azonia-5-borataspiro[4.4]nonan)

abgeleiteten Wasserstoffverbindung gebildet (vgl. S. 84). a-Terme für ionische Heteroatome werden im Namen nach dem a-Term für ein ungeladenes Atom desselben Elementes eingeordnet. (Das auf S. 84 beschriebene Verfahren zur Benennung ionischer Zentren ist jedoch zu bevorzugen.)

8.5 Weitere Regeln zur Benennung heterocyclischer Systeme

Für heterocyclische Spiroverbindungen, die polycyclische Komponenten enthalten, werden die auf S. 51f. für entsprechende Kohlenwasserstoffe beschriebenen Regeln analog angewandt. Werden dabei Lokanten für die Heteroatome eines mit gestrichenen Lokanten bezifferten Ringsystems benötigt, werden sie in eckige Klammern eingeschlossen und dafür die Striche weggelassen.

Gleichermaßen werden Ringverbände aus Heterocyclen nach denselben Regeln benannt, die für carbocyclische Ringverbände gelten (s. S. 53f.).

1'H-Spiro[1,4-oxazin-2,2'-pteridin]

Spiro[chromen-4,3'-indol]

2,2'-Spirobi[[1,3]benzodioxol]

2'-Methylspiro[chinuclidin-3,5'-[1,3]oxathiolan]
(INN: Cevimelin)

2,3'-Bipyridin
oder 2,3'-Bipyridyl

2,4':6',2''-Terpyrimidin

Die Benennung von Brücken mit Heteroatomen über anellierte Ringsysteme ist bisher nicht sehr einheitlich. In vielen, jedoch nicht allen Fällen beginnt deren Name mit dem Präfix Epi-, von dem das i entfällt, wenn ein Vokal folgt. Beispiele sind Epoxy (–O–), Epithio (–S–), Episeleno (–Se–), Epidioxy (–O–O–), Epimino (–NH–), Epoxythio (–O–S–), Epoxymethano (–O–CH$_2$–), aber λ^4-Sulfano (–SH$_2$–), (zur Bedeutung von λ s. S. 70),

1,4-Dihydro-1,4-epoxynaphthalen
oder 1,4-Dihydro-1,4-epoxynaphthalin

Diazano (–NH–NH–), Diazeno (–N=N–), Phosphano (–PH–). Das gleiche Prinzip gilt auch für heterocyclische Brücken, deren Namen durch Anfügen des Buchstabens o an den Namen des entsprechenden Heterocyclus gebildet werden. Das Präfix Epi- entfällt dabei, wenn für einen vom selben Heterocyclus abgeleiteten Anellanden eine Kurzform verwendet wird (vgl. S. 64).

Ausführliche Regeln für die Benennung überbrückter anellierter Systeme wurden von der IUPAC erst vor kurzem herausgegeben. In vielen Fällen benutzen jedoch sowohl die Chemical Abstracts als auch Beilstein andere Regeln.

Wie aus Tabelle 4 (s. S. 59) ersichtlich ist, wurde für die wichtigsten in Ringen vorkommenden Heteroatome eine Standardbindungszahl festgelegt. Wenn ein neutrales Gerüstatom jedoch mit einer anderen Bindungszahl auftritt oder für ein Heteroatom noch keine Standardbindungszahl festgelegt wurde, wird die tatsächliche Bindungszahl im Namen durch einen Exponenten am Symbol λ (Lambda) angegeben, das im Namen an den zugehörigen Lokanten angefügt wird.

Gehen von einem Atom im Ring formal mehrere Doppelbindungen aus, wird deren Anzahl als Exponent am Symbol δ (Delta) angegeben, das nach dem entsprechenden Lokanten im Namen eingefügt wird. Das Symbol δ steht nach dem Symbol λ, falls ein solches vorhanden ist. Muß der Lokant erst mit einem dieser Symbole eingeführt werden, stehen sie am Anfang des Namens.

9,10-Dihydro-1,4-(epoxymethano)-
9,10-[2,3]furanoanthracen

1λ^5-Phosphinin   6H-1,3λ^4-Oxathiin

5λ^4-Selenopyrano[2,1-a]isoselenochromen

1-Oxa-5λ^5-arsaspiro[3.4]oct-5-en

6δ^2-Cyclonona[b]pyridin

7H-2$\lambda^4\delta^2$,7λ^4-Thieno[3,4-e]thionin

Cyclophan war ursprünglich die Bezeichnung für eine Verbindung, in der wie im nebenstehenden ältesten bekannten Beispiel zwei Phenylen-Einheiten (s. S. 29) – angedeutet durch das »ph« in Cyclo**ph**an – durch zwei Alkandiyl-Einheiten zu einem größeren Polycyclus verknüpft sind. Inzwischen wurde der Begriff Cyclophane auf Verbindungen ausgedehnt, in denen wie z. B. im Naturstoff Muscopyridin (s. S. 72) beliebige Ringsysteme (Monocyclen oder polycyclische Systeme) mit der maximalen Anzahl nichtkumulierter Doppelbindungen durch einzelne Atome oder gesättigte oder ungesättigte kettenförmige Bindeglieder zu einem Makrocyclus verbunden sind. Hierfür war das ursprüngliche einfache Verfahren, bei dem Ziffern für die Länge der gesättigten Ketten dem Namen des Cyclophans vorangestellt wurden, zur Benennung nicht mehr geeignet. Auch die von-Baeyer-Nomenklatur (s. S. 32ff.) ist unbefriedigend, weil sie für Cyclophane ziemlich umständlich ist und zudem die Gegenwart der aromatischen Ringsysteme mit ihren delokalisierten Doppelbindungen vollkommen verschleiert.

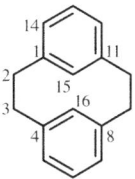

[2.2]Metacyclophan
Tricyclo[9.3.1.1^{4,8}]hexadeca-
1(15),4(16),5,7,11,13-hexaen (vgl. S. 72)

Deshalb wurde für solche Verbindungen in Anlehnung an die Austauschnomenklatur ein spezielles Nomenklaturverfahren entwickelt, bei dem die jeweiligen aromatischen Ringsysteme wie in der Austauschnomenklatur die Heteroatome einzelne Atome eines vereinfachten Grundgerüstes ersetzen. Dieses Verfahren ist selbstverständlich auch für Verbindungen anwendbar, in denen das vereinfachte Grundgerüst kein einfacher Ring mehr ist. Man nennt es Phannomenklatur, weil alle auf diese Weise benannten Verbindungen die Endung -phan erhalten.

Die wichtigsten Operationen der Phannomenklatur sind die Vereinfachung und die Erweiterung (engl.: amplification). Im Schritt der Vereinfachung wird ein Ringsystem zu einem Superatom – nachfolgend durch einen dicken Punkt in den Formeln dargestellt – des vereinfachten Grundgerüstes reduziert. Dieses vereinfachte Grundgerüst kann ein Monocyclus, ein Bicyclus, eine Spiroverbindung oder auch eine unverzweigte Kette sein und wird gemäß der für das entsprechende System geltenden Regeln benannt. Zur Kennzeichnung, daß mindestens ein Atom dieses Gerüstes ein Superatom ist, erhält die Verbindung statt der Endung -an die Endung -phan. Ein sechsgliedriger Ring, der ein oder mehr Superatome enthält, heißt also Cyclohexaphan.

3-Methyl-1(2,6)-pyridinacycloundecaphan
(Muscopyridin)

Cyclohexaphan

1,4(1,3)-Dibenzenacyclohexaphan (vgl. S. 71)

Im Erweiterungs- oder Austauschschritt werden die Superatome durch die von ihnen repräsentierten Ringsysteme – auch Amplifikanten genannt – ersetzt. Daher wird den Namen der einzelnen Ringsysteme analog zu den a-Termen jeweils die Endung -a angefügt, und diese erweiterten Namen werden so dem Namen des vereinfachten Grundgerüstes als Austauschpräfixe vorangestellt. Identische Ringsysteme werden dabei nicht mehrmals genannt, sondern mit einem entsprechenden multiplikativen Präfix (s. Tabelle 1, S. 15) versehen.

Zur Unterscheidung von Isomeren müssen jedem Austauschpräfix Lokanten vorangestellt werden, von denen man hier zwei Arten benötigt, die Lokanten für die Superatome, um anzugeben, in welchen Positionen des vereinfachten Grundgerüstes Atome durch Ringsysteme ersetzt sind, und die Lokanten für die Verknüpfungsstellen der Amplifikanten. Die Lokanten für die Verknüpfungsstellen werden wie üblich durch Kommata getrennt. Sie werden in runde Klammern eingeschlossen dem zugehörigen Superatomlokanten direkt angefügt. Sind für zwei gleiche Ringsysteme auch die Verknüpfungslokantensätze identisch, werden diese ebenfalls nur einmal im Anschluß an den Lokantensatz für die entsprechenden Superatome angegeben.

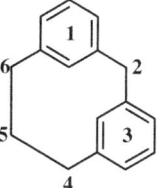

1,3(1,3)-Dibenzenacyclohexaphan

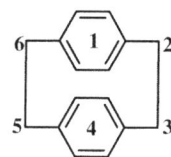

1,4(1,4)-Dibenzenacyclohexaphan

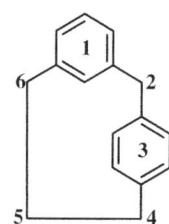

1(1,3),3(1,4)-Dibenzenacyclohexaphan

Bei Wahlmöglichkeiten für die Bezifferung wird diese unter Beachtung der Bezifferungsregeln für die entsprechende Verbindungsklasse des vereinfachten Grundgerüstes so festgelegt, daß sich der niedrigste Lokantensatz für die Superatome ergibt. Danach wird, ebenfalls unter Berücksichtigung der Bezifferungsregeln für die entsprechenden Ringsysteme, auf den niedrigsten Lokantensatz für die Verknüpfungsstellen der Amplifikanten geachtet.

Sind die in einer Verbindung durch Superatome repräsentierten Ringsysteme verschieden, so werden die Austauschpräfixe für diese Ringsysteme dem Namen des vereinfachten Grundgerüstes in der Reihenfolge ihrer Priorität vorangestellt. Diese Reihenfolge wird anhand derselben Kriterienliste wie zur Bestimmung der Basiskomponente eines anellierten Ringsystems (s. S. 64ff.) ermittelt. Reichen diese Regeln zur Entscheidungsfindung nicht aus, werden zusätzlich die auf S. 55 beschriebenen Auswahlkriterien herangezogen. Bei Wahlmöglichkeiten erhält das ranghöhere Ringsystem den niedrigeren Superatomlokanten. Von zwei gleichen Amplifikanten erhält derjenige den niedrigeren Superatomlokanten, der auch den niedrigeren Lokantensatz für die Verknüpfungsstellen aufweist.

3(2,4),7(5,4,6)-Dipyrimidina-1(1,3,5)-benzenabicyclo[5.5.0]dodecaphan

1(3,5)-Pyridina-4(1,3)-benzenacyclohexaphan

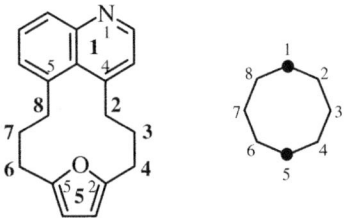

1(4,5)-Chinolina-5(2,5)-furanacyclooctaphan

Bei unsymmetrischen oder unsymmetrisch eingesetzten Ringsystemen muß im Gegensatz zu Benzen auch darauf geachtet werden, in welcher Reihenfolge die Lokanten für die Verknüpfungsstellen genannt werden. Zur Unterscheidung von Isomeren wird von den Verknüfungslokanten stets derjenige zuerst genannt, der mit dem niedrigernumerierten Atom des vereinfachten Grundgerüstes verknüpft ist.

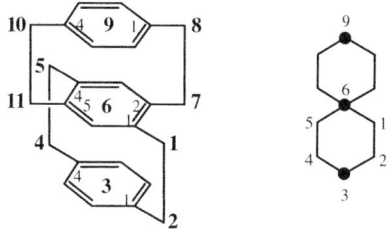

9(8,5)-Cinnolina-7(3,2,6,5),14(2,5)-dipyridina-2(4,2)-piperidinaspiro[6.8]pentadecaphan

3,9(1,4),6(1,4,2,5)-Tribenzena-spiro[5.5]undecaphan

Um eine Verbindung mit einem acyclischen vereinfachten Grundgerüst mit der Phannomenklatur benennen zu können, müssen mindestens vier Ringsysteme als Superatome dargestellt werden können, von denen zwei die beiden Enden der Kette sein müssen. Selbstverständlich dürfen sich weitere acyclische Bestandteile an die endständigen Superatome anschließen. Diese müssen dann jedoch als Substituenten benannt werden.

1,9(2),3(4,2)-Tripyridina-5(2,6)-phosphinina-7(1,3)-benzenanonaphan

Heteroatome im vereinfachten Grundgerüst eines Cyclophans werden durch Austauschnomenklatur (s. S. 67f.) angegeben, nachdem das vereinfachte Grundgerüst mit den eingesetzten Ringsystemen vollständig benannt worden ist. Die a-Terme für die Heteroatome stehen im Namen daher vor den Präfixen für die Amplifikanten.

Ebenso wird mit Heteroatomen in Amplifikanten verfahren, die nur durch Austauschnomenklatur benennbar sind. Für sie wird dann ein zusammengesetzter Lokant benötigt, der aus dem Lokanten für das Superatom im vereinfachten Grundgerüst und dem daran als Exponent angefügten Lokanten für die Position im eingesetzten Ringsystem besteht. Dabei wird die Position innerhalb eines Amplifikanten aus der durch die Verknüpfungsstellen bereits festgelegten Bezifferung bestimmt.

Die zusammengesetzten Lokanten werden zwischen anderen Lokanten in einem Lokantensatz so eingeordnet, als hätten sie keinen Exponenten. Von dieser Möglichkeit wird man für Heteroatome jedoch selten Gebrauch machen müssen, da Spiro- oder Brückenkopfatome des vereinfachten Grundgerüstes zwar Superatome sein können, es aber nicht müssen. Gesättigte Heteromakrocyclen, für die man die Austauschnomenklatur zumeist benötigen würde, können daher ebenso als Bestandteil eines verbrückten polycyclischen vereinfachten Grundgerüstes benannt werden.

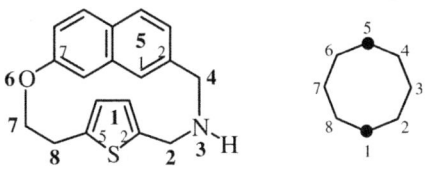

6-Oxa-3-aza-1(2,5)-thiophena-
5(2,7)-naphthalenacyclooctaphan

3,5³,9-Trioxa-6-thia-5⁶-aza-
1(2,5)-pyridina-5(1,4)-cycloundecana-
2(1,2)-benzenacyclononaphan

oder

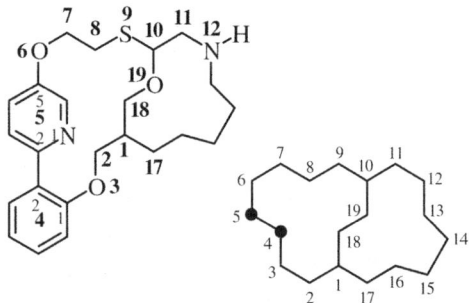

3,6,19-Trioxa-9-thia-12-aza-
5(2,5)-pyridina-4(1,2)-benzena-
bicyclo[8.7.2]nonadecaphan

10 Substitutive Nomenklatur

10.1 Generelle Grundlagen

Thema der bisherigen Kapitel waren die verschiedenen Arten von Stammverbindungen. Darüber hinaus wurden bereits Modifikationen dieser Stammverbindungen durch Addition oder Eliminierung von Wasserstoff und immer wieder der Begriff der Substituenten erwähnt. Dieser hat der substitutiven Nomenklatur als dem wichtigsten und vor allen anderen Methoden bevorzugten Nomenklaturverfahren ihren Namen gegeben. Daher sei hier dessen Definition wiederholt:

Ein Substituent ist ein Atom oder eine Atomgruppe und **ersetzt** ein oder mehrere **Wasserstoff**atome einer Stammstruktur.

In den vorhergehenden Kapiteln handelte es sich dabei stets um Gruppen, die von reinen Kohlenwasserstoffen oder von Heterocyclen abgeleitet waren. Häufig treten jedoch auch Heteroatome auf, die nicht Bestandteil eines Ringes sind. Dann spricht man von charakteristischen Gruppen, aufgrund deren Vorhandenseins man festlegt, welche Verbindungsklasse vorliegt. Da eine Stammverbindung durch verschiedene charakteristische Gruppen substituiert sein kann, war es zwangsläufig notwendig, eine Rangfolge für sie festzulegen. Sie ist in Tabelle 8 für die wichtigsten Verbindungsklassen zusammengestellt.

Man unterscheidet dabei in der substitutiven Nomenklatur zwischen funktionellen Gruppen, für die ein Suffix am Ende des Namens stehen kann, und solchen charakteristischen Gruppen, die bei die-

Tabelle 8: Rangfolge der Verbindungsklassen in der Reihenfolge abnehmender Priorität

1	Radikale
2	Anionen
3	zwitterionische Verbindungen
4	Kationen
5	Säuren in der Reihenfolge Carbonsäure, Peroxycarbonsäure, danach Schwefel-, Selen-, Telluranaloga, Sulfon-, Sulfin-, Selenon-, …, Phosphon-, Arsonsäuren usw.
6	Anhydride
7	Ester in der gleichen Reihenfolge wie die freien Säuren
8	Säurehalogenide und analoge Derivate in der gleichen Reihenfolge wie die freien Säuren, dann jeweils in der Reihenfolge Fluorid, Chlorid, Bromid, Iodid, Cyanid, Azid
9	Amide
10	Hydrazide
11	Imide
12	Nitrile, dann Isocyanide
13	Aldehyde, dann Schwefel-, Selen-, Telluranaloga, dann deren Derivate (Oxime, Hydrazone ...)
14	Ketone, dann ihre Chalkogenanaloga, danach ihre Derivate
15	Alkohole und Phenole, dann Thiole, Selenole, Tellurole
16	neutrale Ester anorganischer Säuren (außer Halogenwasserstoffsäuren)
17	Hydroperoxide, dann deren Chalkogenanaloga
18	Amine, Hydroxylamine
19	Imine
20	Hydrazine, Phosphane usw.
21	Ether, dann Sulfide, Sulfoxide, Sulfone, dann Selenanaloga
22	Peroxide, dann Schwefel-, Selen-, Telluranaloga
23	Halogenide in der Reihenfolge Fluorid, Chlorid, Bromid, Iodid
24	Azide

sem Verfahren prinzipiell durch ein Präfix benannt werden müssen. Beispiele für nur als Präfix zu nennende charakteristische Gruppen sind in Tabelle 9 aufgeführt.

Die in Tabelle 8 zusammengestellte Rangfolge ist in der substitutiven Nomenklatur nur für die Verbindungsklassen von Bedeutung, für die auch ein Suffix im Namen genannt werden kann (vgl. Tabelle 10). Denn am Ende des Namens steht prinzipiell nur ein Suffix, nämlich das für die ranghöchste funktionelle Gruppe, die in der Verbindung vorhanden ist. Alle anderen charakteristischen Gruppen werden wie normale Substituenten behandelt. Die sie kennzeichnenden Präfixe werden also alphabetisch geordnet dem

$$
\begin{array}{ccc}
F & & Br \\
| & & | \\
F-C- & C & -H \\
| & & | \\
F & & Cl
\end{array}
$$

2-Brom-2-chlor-1,1,1-trifluorethan
(INN: Halothan)

2,4,6-Trinitrophenol
Pikrinsäure

Tabelle 9:   Charakteristische Gruppen, die in der substitutiven Nomenklatur nur durch ein Präfix benannt werden können

–F	Fluor-[a]
–Cl	Chlor-[a]
–ClO	Chlorosyl-
–ClO$_2$	Chloryl-
–ClO$_3$	Perchloryl-
–Br	Brom-[a]
–I	Iod-[a]
–IO	Iodosyl-
–IO$_2$	Iodyl-
–I(OH)$_2$	Dihydroxy-λ^3-iodanyl-[b]
=N$_2$	Diazo-
–N$_3$	Azido-
–NO	Nitroso-
–NO$_2$	Nitro-
–NHOH	Hydroxyamino-[c]
–NHNH$_2$	Hydrazino-[d]
–OOH	Hydroperoxy-
–OR	(R-)oxy-[e]
–SR	(R-)sulfanyl-[e] (früher (R-)thio-)
–OOR	(R-)peroxy-[e] (früher (R-)dioxy-)
–SH$_3$	λ^4-Sulfanyl-[b, d]
–NCO	Isocyanato-
–NCS	Isothiocyanato-
–OCN	Cyanato-
–SCN	Thiocyanato-
–ONC	Fulminato-
–NC	Isocyan-

[a] Nicht Fluoro-, Chloro-, Bromo-, Iodo-. Die Endung o wird im Deutschen nur in der Koordinationsnomenklatur der Anorganischen Chemie angefügt, während sie im Englischen auch in der substitutiven Nomenklatur verwendet wird.

[b] Zur Bedeutung des Symbols λ s. S. 70.

[c] Zur Verwendung von Hydroxylamin als Funktionsstammverbindung s. S. 82.

[d] Hydrazin und Sulfan können selbst als Stammverbindung verwendet werden (s. S. 83).

[e] R- steht für einen von einem Stammsystem abgeleiteten Substituenten, kann aber auch auf charakteristische Gruppen ausgedehnt werden (z. B. Aminooxy-).

Isocyanatobenzen
oder
Isocyanatobenzol

Diazomethan

2,4,6-Triazido-1,3,5-triazin

7-Methoxy-1-nitroso-
4-(pentyloxy)bicyclo[2.2.1]heptan

1-Isocyan-4-(methylsulfanyl)benzen
oder
1-Isocyan-4-(methylsulfanyl)benzol

Trichlormethan
Chloroform

Triiodmethan
Iodoform

(analog Bromoform und Fluoroform)

Tabelle 10: Präfixe und Suffixe wichtiger charakteristischer Gruppen in der substitutiven Nomenklatur in der Reihenfolge abnehmender Priorität

Verbindungsklasse	charakteristische Gruppe[a]	Präfix	Suffix
Radikale		Ylo-	-yl, -yliden
Anionen		–	-id, -it, -at, -uid
Kationen		–	-ium, -onium, -ylium
Carbonsäuren	–COOH	Carboxy-	-carbonsäure
	–(C)OOH	–	-säure
Peroxycarbonsäuren	–COOOH	Hydroperoxycarbonyl-	-peroxycarbonsäure
	–(C)OOOH	–	Peroxy...-säure
Thiocarbonsäuren	–CSOH	Hydroxy(thiocarbonyl)- Thiocarboxy-[b]	-carbothio-O-säure
	–(C)SOH	–	-thio-O-säure
	–COSH	Sulfanylcarbonyl- Thiocarboxy-[b]	-carbothio-S-säure
	–(C)OSH	–	-thio-S-säure
	–CSSH	(Dithiocarboxy)-	-carbodithiosäure
	–(C)SSH	–	-dithiosäure
Sulfonsäuren	–SO$_3$H	Sulfo-	-sulfonsäure
Sulfinsäuren	–SO$_2$H	Sulfino-	-sulfinsäure
Sulfensäuren[c]	–S–OH	Sulfeno-	-sulfensäure
Carbonsäureanhydride	–CO–O–CO–	–	-säure...-säureanhydrid
Carbonsäureester	–COOR	(R-)oxycarbonyl-	(R-)...-carboxylat
	–(C)OOR	–	(R-)...-oat
	–O–COR	(RCO-)oxy-	–
Sulfonsäureester	–SO$_3$R	(R-)oxysulfonyl-	(R-)...-sulfonat
Carbonsäurehalogenide	–COX	Halogencarbonyl-[d]	-carbonylhalogenid
	–(C)OX	–	-oylhalogenid
Sulfonsäurehalogenide	–SO$_2$X	Halogensulfonyl-	-sulfonylhalogenid
Carbonsäureamide	–CONH$_2$	Carbamoyl-[e]	-carbamid[f]
	–(C)ONH$_2$	–	-amid
	–NHCOR	(RCO-)amino-	–
Sulfonsäureamide	–SO$_2$NH$_2$	Sulfamoyl-	-sulfonamid
Carbonsäurehydrazide	–CONHNH$_2$		-carbohydrazid
	–(C)ONHNH$_2$	–	-ohydrazid
Nitrile	–CN	Cyan-[g]	-carbonitril
	≡N	–	-nitril
Aldehyde	–CHO	Formyl-	-carbaldehyd[h]
	–(C)HO	Oxo-	-al
Thioaldehyde	–CHS	Thioformyl-	-carbothialdehyd
	–(C)HS	Thioxo-	-thial
Acetale	>(C)(OR)$_2$	Di[(R-)oxy]-[i]	-aldi(R-)acetal[i]
Ketone	=O	Oxo-	-on
Thioketone	=S	Thioxo-	-thion

Tabelle 10: **Präfixe und Suffixe wichtiger charakteristischer Gruppen in der substitutiven Nomenklatur in der Reihenfolge abnehmender Priorität** (Fortsetzung)

Verbindungsklasse	charakteristische Gruppe[a]	Präfix	Suffix
Ketale	$>(C)(OR)_2$	Di[(R-)oxy]-[i]	-ondi(R-)ketal[i]
Oxime[j]	$=N-OH$	Hydroxyimino-	-aloxim, -(carb)aldehydoxim -onoxim
Hydrazone[j]	$=N-NH_2$	Hydrazono-	-alhydrazon, -(carb)aldehydhydrazon -onhydrazon
Alkohole, Phenole	$-OH$	Hydroxy-	-ol
Thiole	$-SH$	Sulfanyl-[k]	-thiol
Amine	$-NH_2$	Amino-	-amin
Imine	$=NH$	Imino-	-imin

[a] (C) bedeutet ein Kohlenstoffatom, das im Stammsystem enthalten ist, X steht für ein Halogenid oder Pseudohalogenid und R- steht für einen von einem Stammsystem abgeleiteten Substituenten.

[b] Wenn unbekannt ist, welches Tautomer vorliegt.

[c] Sulfensäuren können auch als Thioanaloga von Hydroperoxiden angesehen werden. Ihre Derivate werden vorteilhaft als substituierte Sulfanylverbindungen behandelt.

[d] Früher Halogenformyl-.

[e] Die Chemical Abstracts verwenden aminocarbonyl-.

[f] Im Englischen -carboxamide. Inzwischen findet auch im Deutschen zunehmend -carboxamid Verbreitung.

[g] Nicht Cyano-! So heißt es im Englischen und in der Koordinationsnomenklatur der Anorganischen Chemie.

[h] Die Chemical Abstracts verwenden -carboxaldehyde.

[i] Bei Bedarf Bis- statt Di-.

[j] Von Aldehyden abgeleitete Oxime und Hydrazone haben höhere Priorität als Ketone.

[k] Früher Mercapto-. Die Chemical Abstracts verwenden weiterhin mercapto-.

Namen des Stammsystems vorangestellt und bei Bedarf mit einem entsprechenden multiplikativen Präfix versehen.

Eine charakteristische Gruppe an einem Substituenten muß folglich stets durch ihr Präfix benannt werden, denn (von Stammsystemen abgeleitete) Substituenten werden wie Radikale benannt.

Ausnahmen von diesen Regeln gibt es nur bei Ionen.

Für einige häufig vorkommende Verbindungen gibt es Trivialnamen, die für eine Stammverbindung mit einer funktionellen Gruppe stehen und innerhalb der substitutiven Nomenklatur weiterverwendet werden. Man bezeichnet diese dann als

Tabelle 11:   Beispiele für Funktionsstammverbindungen

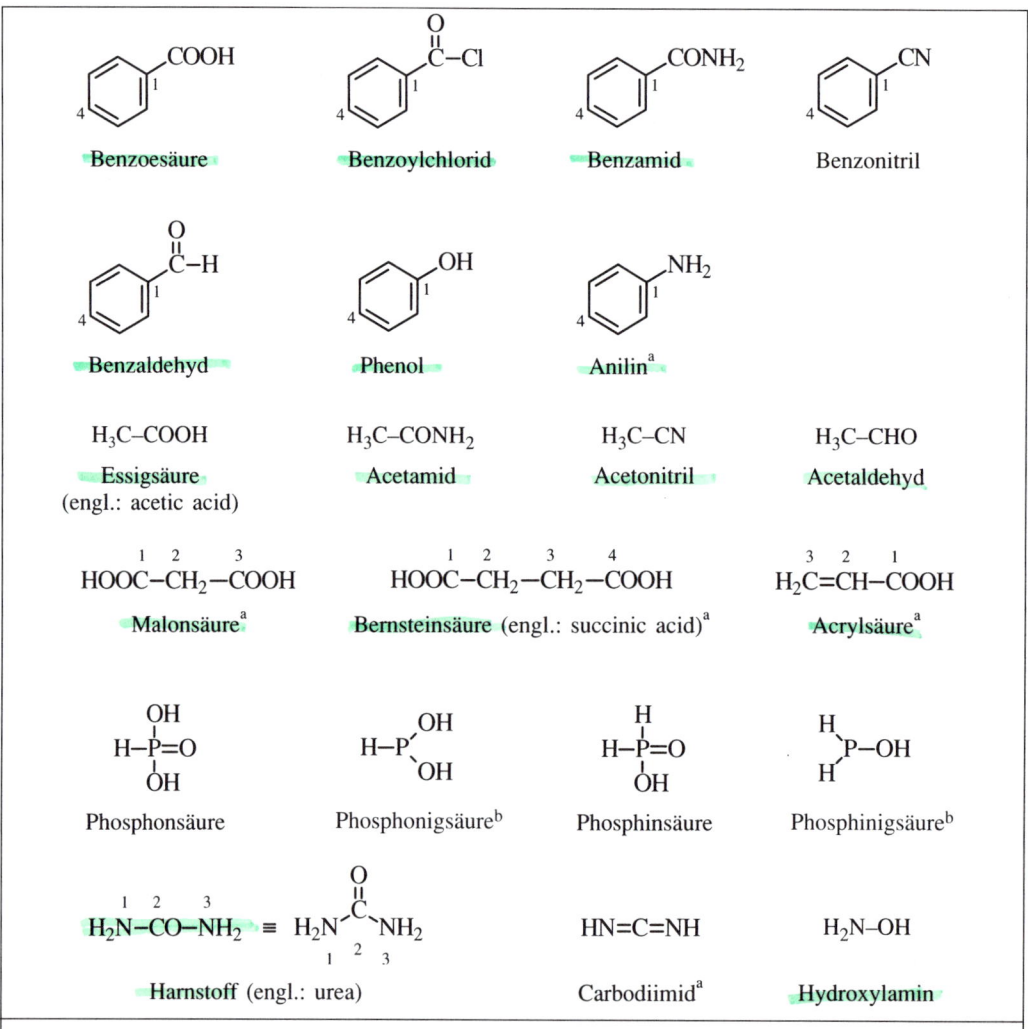

Benzoesäure	Benzoylchlorid	Benzamid	Benzonitril
Benzaldehyd	Phenol	Anilin[a]	
$H_3C{-}COOH$	$H_3C{-}CONH_2$	$H_3C{-}CN$	$H_3C{-}CHO$
Essigsäure (engl.: acetic acid)	Acetamid	Acetonitril	Acetaldehyd

$$\overset{1}{H}OOC{-}\overset{2}{C}H_2{-}\overset{3}{C}OOH$$

Malonsäure[a]

$$\overset{1}{H}OOC{-}\overset{2}{C}H_2{-}\overset{3}{C}H_2{-}\overset{4}{C}OOH$$

Bernsteinsäure (engl.: succinic acid)[a]

$$\overset{3}{H}_2C{=}\overset{2}{C}H{-}\overset{1}{C}OOH$$

Acrylsäure[a]

Phosphonsäure   Phosphonigsäure[b]   Phosphinsäure   Phosphinigsäure[b]

$$\overset{1}{H}_2N{-}\overset{2}{C}O{-}\overset{3}{N}H_2 \equiv H_2N\overset{O}{\underset{\overset{2}{}}{\overset{\overset{1}{}}{C}}}NH_2$$

Harnstoff (engl.: urea)

$HN{=}C{=}NH$

Carbodiimid[a]

$H_2N{-}OH$

Hydroxylamin

[a] Für diese Verbindung verwenden die Chemical Abstracts den systematischen Namen.
[b] Bisher Phosphonige Säure bzw. Phosphinige Säure.

Funktionsstammverbindungen. Beispiele dafür sind in Tabelle 11 aufgeführt.

Der Name einer Funktionsstammverbindung ersetzt deren nicht gebräuchlichen systematischen Namen und wird verwendet, als wäre es der systematische Name. Er kann daher nicht mit einem Suffix für eine weitere charakteristische Gruppe versehen werden.

4-Aminophenol
(nicht 4-Hydroxyanilin)
(nicht 4-Phenolamin)

4-Aminobenzoesäure
(nicht Anilin-4-carbonsäure)

Auch einige charakteristische Gruppen selbst, vor allem mit Elementen der 15. Gruppe, werden als Funktionsstammverbindungen behandelt (s. Beispiele in Tabelle 11). Für sie gibt es folglich keine Suffixe.

Prinzipiell kann das Verfahren der substitutiven Nomenklatur auch auf Verbindungen anderer Elemente als Kohlenstoff ausgedehnt werden. Es ist jedoch gewöhnlich auf Bor sowie die Elemente der 14., 15. und 16. Gruppe des Periodensystems (4. bis 6. Hauptgruppe) beschränkt. Abweichungen von ihrer jeweiligen Standardbindungszahl (s. Tabelle 4, S. 59) werden durch das Symbol λ, wie auf S. 70 beschrieben, gekennzeichnet. Suffixe für charakteristische Gruppen werden aber außer bei den Kohlenstoffverbindungen nur bei Silanen verwendet.

$$H-\underset{\underset{H}{|}}{\overset{\overset{H}{|}}{Si}}-OH \qquad H-S-S-OH$$

Silanol   Hydroxydisulfan

Diphenyldiazen
(früher Azobenzol)

10.2 Anwendung auf ausgewählte Verbindungsklassen

10.2.1 Radikale und Ionen

Einfache, von Stammverbindungen durch den Verlust eines Wasserstoffatoms abgeleitete Radikale erhalten die Endung -yl. Die Endung -an der Stammverbindung entfällt dabei nur bei monocyclischen Kohlenwasserstoffen und den einkernigen Hydriden der 14. Gruppe sowie für endständige Radikale an acyclischen Kohlenwasserstoffen. Entsprechend abgeleitete Substituenten werden genauso benannt. Das Verfahren ist daher in den Kapiteln über die verschiedenen Stammsysteme bereits ausführlich beschrieben worden. Als Ausnahmen bleiben Aminyl neben Azanyl sowie Hydroxyl und Hydroperoxyl erhalten.

$$H_3C-CH_2-CH_2-\overset{\bullet}{C}H_2$$
Butyl

$$H-\underset{\underset{H}{|}}{\overset{\overset{H}{|}}{Si}}\bullet$$
Silyl

$$H_3C-CH_2-CH_2-\overset{\bullet}{C}H-CH_3$$
Pentan-2-yl

Spiro[4.5]decan-8-yl   Disulfanyl

$$H-S-S\bullet$$

$$\underset{H}{\overset{H}{\diagdown}}N\bullet$$

Azanyl
Aminyl

Bei mehrfachen Radikalen wird danach unterschieden, ob die Wasserstoffatome vom selben Gerüstatom entfernt wurden oder von verschiedenen. Im ersten Fall werden die Endungen -yliden bzw. -ylidin benutzt. In allen anderen Fällen treten je nach Bedarf multiplikative Präfixe und Lokanten zu den entsprechenden Endungen hinzu. Als Ausnahmen bleiben Methylen (bevorzugt vor Carben) statt Methyliden, Silylen statt Silyliden sowie Nitren oder Aminylen neben Azanyliden bestehen.

Ein Radikal als Bestandteil eines Substituenten wird durch das Präfix Ylo- ausgedrückt.

Anionen können formal durch die Anlagerung von Hydridionen oder die Abspaltung von Hydronen (Wasserstoffkationen in der natürlichen Isotopenverteilung; der Name Proton steht nur für das Reinisotop $^1H^+$) aus einer neutralen Verbindung entstehen.

Die Anlagerung eines (substituierbaren) Hydridions an eine Stammverbindung wird durch das Suffix -uid angezeigt. Multiplikative Präfixe und Lokanten werden bei Bedarf hinzugefügt.

Werden Hydronen aus einer Stammverbindung entfernt, wird an deren Namen das Suffix -id mit entsprechendem multiplikativem Präfix und der notwendigen Anzahl an Lokanten angefügt. Als Ausnahmen bleiben die Namen Amid und Imid für das Mono- bzw. Dianion des Ammoniaks erhalten.

Hydronen, die aus einer charakteristischen Gruppe abgespalten werden, führen in der Regel zur Endung -at für das entstehende Anion. Bei Anionen von Alkoholen, Phenolen und deren Chalkogenanaloga wird die Endung -at an das

$H_3C-\overset{..}{C}-CH_3$
oder
$H_3C-\overset{.}{\underset{.}{C}}-CH_3$

Propan-2-yliden

Diphenylmethylen
(oder Diphenylcarben)

4-(2-Yloethyl)cyclopentan-1,2-diyl

Tetraphenylboranuid
[in der Koordinationsnomenklatur
Tetraphenylborat(1–)]

Hexamethyl-λ^5-phosphanuid

Penta-1,4-diin-1,5-diid

Amid

Suffix -ol bzw. -thiol usw. angefügt. In Namen von Säureanionen ersetzt sie die Endung -säure. Hiervon gibt es jedoch einige Ausnahmen. Das Suffix -carbonsäure wird durch -carboxylat ersetzt, weil der Name -carbonat bereits für das Anion der Kohlensäure vergeben ist. Das Suffix -säure eines systematischen Namens einer Carbonsäure wird durch -oat ersetzt. Für die Anionen der wenigen Säuren, deren Namen auf »-igsäure« enden, wird diese Endung durch -it ersetzt und für Säuren mit Trivialnamen folgt die Endung -at zumeist direkt dem Trivialstamm (s. Tabelle 15, S. 126ff.). Mitunter bedarf es großer Vorsicht, wenn der Name eines Anions nicht mit einem Ester verwechselt werden soll.

Bei der Benennung von Salzen werden die Namen der Kationen dem des Anions alphabetisch geordnet vorangestellt.

Präfixe für Anionen gibt es nicht. Treten anionische Zentren in einem Substituenten auf, muß das passende Suffix für die freie Valenz an den Namen des Anions angefügt werden. Als Präfix zu nennende anionische charakteristische Gruppen erhalten die Endung -o.

Kationen, die durch die Anlagerung eines substituierbaren Hydrons an eine Stammverbindung entstehen, werden durch Hinzufügen der Endung -ium mit entsprechendem multiplikativem Präfix und soweit notwendig Lokanten an deren Namen gebildet. Für Kationen, die von einkernigen Hydriden der 15. bis 17. Gruppe mit der Standardbindungszahl abgeleitet sind, wird die Endung -onium verwendet.

Pentan-1-olat

Pyridin-2-thiolat

Propan-1,2-bis(olat)

Ethansulfonat

6-Carboxyhexanoat

(Methylphosphinit)
(oder
P-Methylphosphinit)

Methyl(phosphinit)
(oder *O*-Methylphosphinit)

Kaliumnatriumcyclohexan-1,2-dicarboxylat

4-(Ethan-2-id-1-yl)-
cyclohexyl

2-(3-Carboxylato-
2-sulfonatobutyl)-
cyclobutyl

1-Methylpyridin-1-ium
oder
1-Methylpyridinium

Methyltriphenyl-
phosphonium

Die Abspaltung eines Hydridions wird durch die Endung -ylium angezeigt. Pyrylium bleibt als Trivialname erhalten.

$$H_3C{-}CH_2{-}\overset{+}{C}H_2$$

Propylium

Pyrylium

Auch für Kationen gibt es keine Präfixe. Ist ein Substituent über sein kationisches Zentrum an die Stammverbindung gebunden, wird die Endung -ium zu -io (entsprechend auch -onio). Andernfalls wird das passende Suffix für die freie Valenz an den Namen des Kations angefügt.

$$H_3C{-}\overset{CH_3}{\underset{CH_3}{\overset{|}{\underset{|}{N^{\pm}}}}}CH_2{-}COO^-$$

(Trimethylammonio)acetat
(Betain)

Pyridinio

Hept-6-en-1-in-5-ium-1-id-3-yl

10.2.2 Säuren und ihre Derivate

Für Carbonsäuren und ihre Derivate sowie für Nitrile und Aldehyde sind in Tabelle 10 (S. 80f.) jeweils zwei Suffixe aufgeführt. Welches von ihnen verwendet wird, hängt davon ab, ob das Kohlenstoffatom der funktionellen Gruppe in das Stammsystem einbezogen werden kann oder nicht. Bei allen Suffixen, die die Silbe »carb« enthalten, gehört das Kohlenstoffatom zur funktionellen Gruppe. In den anderen Fällen ist es Bestandteil des Stammsystems, so daß diese Suffixe dann ohne Lokanten verwendet werden, weil solche funktionellen Gruppen nur am Ende einer Kette stehen können (und die Hauptkette nur zwei Enden hat). Demzufolge können diese Suffixe auch nur für Ketten verwendet werden, die die entsprechende funktionelle Gruppe ein- oder zweimal tragen. Ist die funktionelle Gruppe an einen Ring oder mehr als zweimal direkt an eine Kette gebunden, muß das Suffix, das die Silbe »carb« enthält, verwendet werden.

10.2.2.1 *Säuren*

Für kettenförmige Carbonsäuren mit ein oder zwei Säuregruppen wird das Suffix -säure (bzw. -disäure) verwendet. Ringe, die Carboxygruppen tragen, und Ketten, die mit drei oder mehr Carboxygruppen direkt verknüpft sind, werden mit dem Suffix -carbonsäure versehen, dem ein entsprechendes multiplikatives Präfix und wenn nötig Lokanten vorangestellt werden.

Das Präfix Carboxy- muß verwendet werden, wenn eine ranghöhere Gruppe, also ein ionisches Zentrum oder Radikal, vorhanden ist.

Für Peroxysäuren bleiben die Trivialnamen Perameisensäure, Peressigsäure und Perbenzoesäure erhalten. Die übrigen Peroxycarbonsäuren werden benannt, indem das Präfix Peroxy- direkt vor das Suffix -carbonsäure und in allen anderen Fällen vor den Namen der analogen Säure gestellt wird.

Für die Chalkogenanaloga der Carbonsäuren mit systematischen Namen werden die Infixe thio-, seleno- bzw. telluro-, gegebenenfalls ergänzt um das multiplikative Präfix di-, vor der Endung -säure eingefügt (das n aus -carbonsäure geht dabei verloren). Bei Säuren mit Trivialnamen stehen Thio- usw. vor dem gesamten Namen der (unsubstituierten) Säure. Zur Unterscheidung von Tautomeren wird wenn bekannt das kursiv gesetzte Elementsymbol des Atoms, das das Wasserstoffatom trägt, direkt vor der Endung -säure eingefügt.

Hexansäure
(nicht Pentancarbonsäure)
(früher Capronsäure)

Piperidin-
1,2-dicarbonsäure

3-(Carboxymethyl)octandisäure

2-Hydroxypropan-1,2,3-tricarbonsäure
Citronensäure
(nicht 3-Carboxy-3-hydroxypentandisäure)

5-(2,5-Dimethylphenoxy)-2,2-dimethylpentansäure
(INN: Gemfibrozil)

Peroxybutansäure

Cyclopentanperoxy-
carbonsäure

Thioessig-*O*-säure

Butanthio-*S*-säure

3-Sulfospiro[4.5]decan-2-carbodithiosäure

Wird in einer Carbonsäure das Carbonyl-sauerstoffatom durch eine Iminogruppe ersetzt, erhält man eine Imidsäure. Hydroxamsäuren sind *N*-hydroxysubstituierte Amide und werden vorzugsweise auch so benannt (s. S. 91).

Sulfonsäuregruppen werden durch das Suffix -sulfonsäure bzw. das Präfix Sulfo-gekennzeichnet. Die analogen sauerstoff-ärmeren Gruppierungen erhalten die Suffixe -sulfinsäure und -sulfensäure sowie die Präfixe Sulfino- bzw. Sulfeno-.

Von den Elementen der 15. Gruppe abgeleitete Säuren werden als Funktions-stammverbindungen betrachtet. Für sie gibt es daher keine Suffixe, so daß organische Reste an ihnen als Substituenten benannt werden müssen.

Propanimidsäure

Prop-2-ensulfensäure
(nicht Allylsulfensäure)

4-Methylbenzensulfonsäure
oder 4-Methylbenzolsulfonsäure
(nicht *p*-Toluolsulfonsäure)

4-Phosphonobenzen-
sulfinsäure

Phosphonsäure

Methylphosphonsäure
(nicht Methanphosphonsäure)

4-(Phosphonomethyl)piperidin-2-carbonsäure
(INN: Selfotel)

10.2.2.2 Anhydride

Symmetrische Anhydride oder cyclische Anhydride von Dicarbonsäuren werden benannt, indem der Klassenname -anhydrid an den Namen der Säure angefügt wird. Cyclische Anhydride können aber auch als Heterocyclen benannt werden. Ist ein Anhydrid aus zwei verschiedenen Säuren abgeleitet, wird der Klassenname -anhydrid an die alphabetisch geordneten Namen der beiden Säuren angehängt.

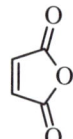

Maleinsäureanhydrid
oder 2,5-Dihydrofuran-2,5-dion

Essigsäureanhydrid   3-Chlorpentansäureessig-
(nicht Acetanhydrid)   säureanhydrid

10.2.2.3 Ester und Lactone

Ester werden im allgemeinen benannt wie Salze der entsprechenden Carbonsäuren, indem dem Namen des Anions der Säure (s. S. 85) die alphabetisch geordneten Namen der Alkyl- bzw. Arylgruppen vorangestellt werden. Alternativ können diese Gruppen an den Namen der unveresterten Säure angehängt werden, worauf dann noch die Endung -ester angefügt wird.

Ist der Ester nicht die ranghöchste funktionelle Gruppe, muß er als Präfix benannt werden. Dabei sind je nachdem, ob die Verknüpfung über das Carbonylkohlenstoffatom oder das Sauerstoffatom erfolgt, die Gruppennamen Alkyloxycarbonyl- bzw. Acyloxy- für die Substituenten zu verwenden.

Ethyl-2-(4-chlorphenoxy)-2-methylpropanoat
(INN: Clofibrat)

Ethyl-1-methyl-4-phenylpiperidin-4-carboxylat
(INN: Pethidin)
(1-Methyl-4-phenylpiperidin-4-carbonsäure-ethylester)

Ethylmethylsuccinat
(oder Bernsteinsäureethylmethylester)

Isopropylmethansulfonat, Isopropylmesylat
(Methansulfonsäureisopropylester)

Lactone sind cyclische Ester von Hydroxycarbonsäuren. Sie werden vorzugsweise als heterocyclische Ketone benannt, können aber auch durch das Suffix -olacton charakterisiert werden, das das Suffix -säure im Namen der unsubstituierten Säure ersetzt. Der Lokant für die intramolekular veresterte Hydroxygruppe wird dann vor der Endung -lacton eingeschoben. Die analogen Derivate von Hydroxysulfonsäuren erhalten, wenn sie nicht als Heterocyclus benannt werden, das Suffix -sulton, vor dem zuerst der Lokant für die Bindung zum Schwefelatom, dann der für die Bindung zum Sauerstoffatom genannt werden.

[3-(Methoxycarbonyl)-4-(propanoyloxy)phenyl]essigsäure

5-Methyltetrahydrofuran-2-on
(oder Pentano-4-lacton)
(füher γ-Valerolacton)

3-Ethyl-6-methyl-2,2-dioxo-1,2λ^6-oxathian
(oder Heptan-3,6-sulton)

10.2.2.4 Säurehalogenide

Säurehalogenide entstehen durch den Ersatz der Hydroxygruppe einer Säure durch ein Halogenatom. Ihre Namen werden in zwei Stufen gebildet. Zuerst wird die Acylgruppe ohne Halogenide benannt, indem die Suffixe -carbonsäure oder -sulfonsäure usw. der zugrundeliegenden Säure durch die Suffixe -carbonyl bzw. -sulfonyl usw. ersetzt werden. An die Stelle des Suffixes -säure tritt das Suffix -oyl. Dann werden die Namen der Halogenide in alphabetischer Reihenfolge angehängt.

Präfixe für Säurehalogenidgruppen lauten Halogencarbonyl- oder Halogensulfonyl-.

Pentandioylbromidiodid
oder 4-(Iodcarbonyl)butanoylbromid

2-(Chlorsulfonyl)hexanoylbromid

Piperazin-2,3-dicarbonyldichlorid

4-Methylbenzensulfonylchlorid
oder Tosylchlorid
(nicht *p*-Toluensulfonylchlorid)

(Chlorcarbonyl)essigsäure

10.2.2.5 Amide und ihre Derivate

Analog zu den Carbonsäuren werden deren Amide durch die Suffixe -amid und -carbamid, die entsprechenden Derivate der Sulfonsäuren durch -sulfonamid benannt. Substituenten, die ein Wasserstoffatom an der durch Suffix benannten Amidgruppe ersetzen, erhalten den Lokanten *N*-.

4-[4-(4-Chlorphenyl)-4-hydroxypiperidino]-
N,N-dimethyl-2,2-diphenylbutanamid
(INN: Loperamid)

5*H*-Dibenzo[*b,f*]azepin-
5-carbamid
(INN: Carbamazepin)

N-Benzyl-3-chlorpropanamid
(INN: Beclamid)

2-Chlor-5-(1*H*-tetrazol-5-yl)-
4-(thenylamino)benzensulfonamid
(INN: Azosemid)

Ist die Amidgruppe nicht die ranghöchste funktionelle Gruppe, muß sie durch ein Präfix benannt werden. Erfolgt dabei die Verknüpfung zum Stammsystem über das zentrale Kohlenstoff- oder Schwefelatom, heißen die Präfixe Carbamoyl- bzw. Sulfamoyl-. Bei einer Verknüpfung über das Stickstoffatom werden die Präfixe Acylamino- bzw. Alkylsulfonylamino- verwendet.

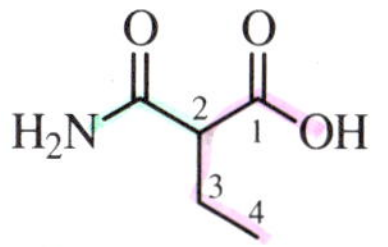

2-Carbamoylbutansäure

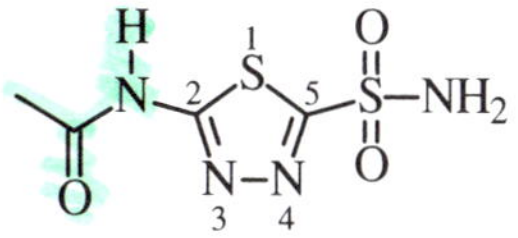

N-(5-Sulfamoyl-1,3,4-thiadiazol-2-yl)acetamid
(INN: Acetazolamid)

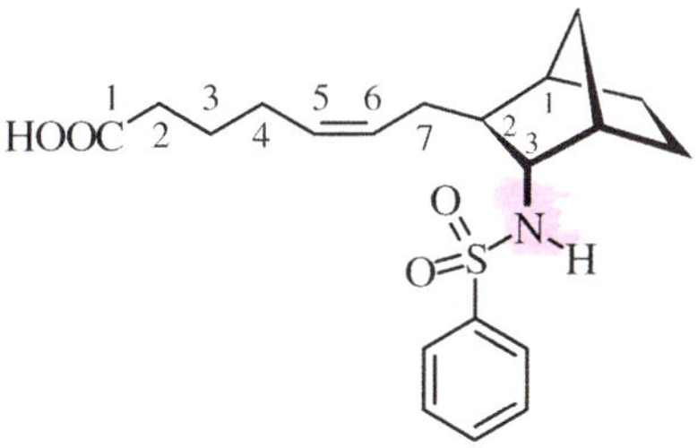

7-{3-[(Phenylsulfonyl)amino]-
bicyclo[2.2.1]heptan-2-yl}hept-5-ensäure
(INN: Domitroban)

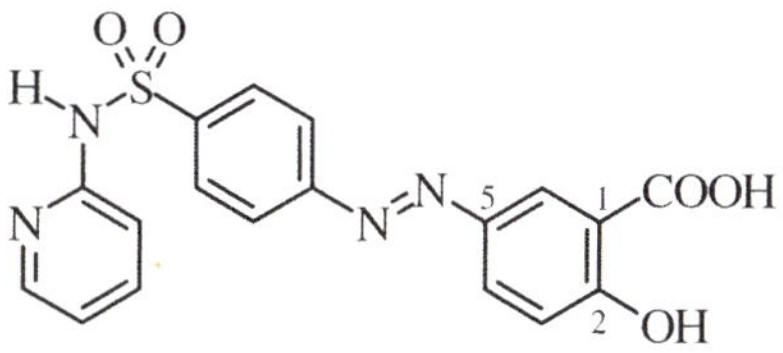

2-Hydroxy-5-({4-[(2-pyridyl)sulfamoyl]phenyl}-
diazenyl)benzoesäure
(INN: Sulfasalazin)

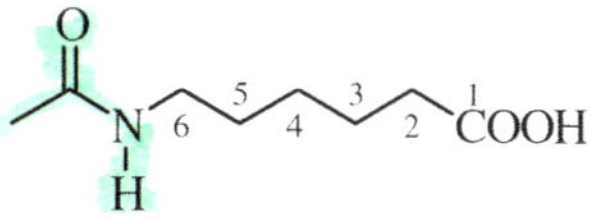

6-(Acetylamino)hexansäure
(INN: Acexaminsäure)

N-Hydroxy-substituierte Amide tragen auch den Klassennamen Hydroxamsäuren. Einzelne Verbindungen sollten jedoch als substituierte Amide benannt werden.

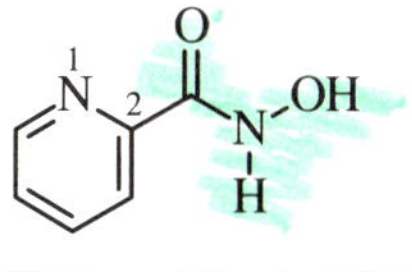

N-Phenyl-substituierte Amide werden auch Anilide genannt (da von Anilin abgeleitet). Zur Unterscheidung von Substituenten am Phenylring und am Stammsystem erhält der Phenylring von Aniliden gestrichene Lokanten.

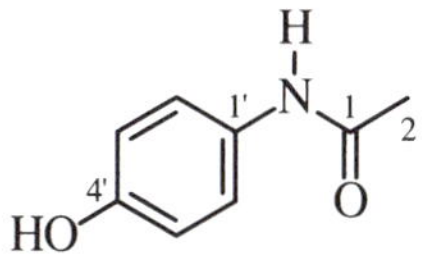

N-Hydroxypyridin-2-carbamid

4'-Hydroxyacetanilid
N-(4-Hydroxyphenyl)acetamid
(INN: Paracetamol)

Amide der Imidsäuren heißen Imidamide oder Amidine und erhalten das Suffix -imidamid. Als Präfix wird Carbamimidoyl- (bisher auch Amidino-) verwendet.

Lactame als cyclische Amide von Aminocarbonsäuren werden wie die Lactone (s. S. 89) vorzugsweise als Heterocyclen benannt und dann wie Ketone behandelt oder durch die Endung -olactam gekennzeichnet. Der notwendige Lokant für die ursprüngliche Aminogruppe der freien Säure wird vor der Endung -lactam eingeschoben. Ebenso verfährt man für die Sultame wie bei Sultonen.

Bei der Substitution der Hydroxygruppe einer Säure durch eine Hydrazinogruppe erhält man Hydrazide. Ihre Namen leiten sich aus denen der entsprechenden Amide durch den Ersatz der Endung -amid durch die Endung -ohydrazid ab.

Imide sind Diacylderivate von Ammoniak. Das Suffix -imid wird aber nur für cyclische Imide von Dicarbonsäuren verwendet und direkt an den Stammnamen oder den Trivialstamm angefügt. Cyclische Imide können aber auch sehr vorteilhaft als Heterocyclen benannt werden.

Acyclische Imide werden als Derivat des ranghöheren Amides oder als Diacylderivate des Ammoniaks benannt.

3,5-Diamino-N-carbamimidoyl-6-chlorpyrazin-2-carbamid
(INN: Amilorid)

Azepan-2-on
(oder Hexano-6-lactam)
(früher ε-Caprolactam)

1,1-Dioxo-2,2a-dihydro-
1H-1λ^6-indeno[1,7-cd][1,2]thiazol
oder
2,2a-Dihydroindeno[1,7-cd][1,2]thiazol-1,1-dioxid
(vgl. S. 99) (oder Inden-7,1-sultam)

Pyridin-4-carbohydrazid
Isonicotinohydrazid
(INN: Isoniazid)

Succinimid
(Butanimid)
Pyrrolidin-2,5-dion

N-Acetylbenzamid
[oder Acetyl(benzoyl)azan]

10.2.3 Nitrile

Für die charakteristische Gruppe der Nitrile, die Cyanogruppe, wird das Präfix Cyan- (nicht wie im Englischen Cyano-!) verwendet. Die Suffixe heißen abhängig davon, ob das Kohlenstoffatom zur Hauptkette gehört oder nicht, -nitril und -carbonitril.

Pentandinitril

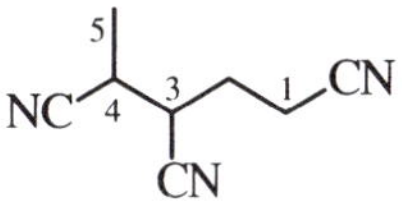

Pentan-1,3,4-tricarbonitril

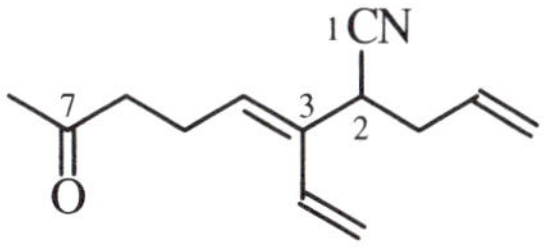

2-Allyl-7-oxo-3-vinyloct-3-ennitril

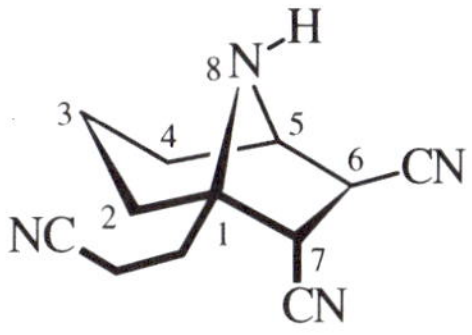

1-(2-Cyanethyl)-8-azabicyclo[3.2.1]octan-6,7-dicarbonitril

10.2.4 Aldehyde, Ketone und ihre Derivate

Für Aldehyde stehen neben den beiden Suffixen -al und -carbaldehyd, deren Verwendung sich nach den gleichen Regeln richtet wie bei den Carbonsäuren (vgl. S. 87), auch zwei Präfixe zur Verfügung, nämlich Oxo- und Formyl-. Auch hier gilt: kann das Kohlenstoffatom der Formylgruppe in eine Kette einbezogen werden, wird dies getan und das Präfix Oxo- verwendet. Analog gelten für die Thioanaloga die Suffixe -thial und -carbothialdehyd sowie die Präfixe Thioformyl- und Thioxo-.

Wird das Wasserstoffatom der Formylgruppe substituiert, ist das Produkt kein Aldehyd und kann auch nicht als ein Substitutionsprodukt eines Aldehyds behandelt werden (vgl. S. 96).

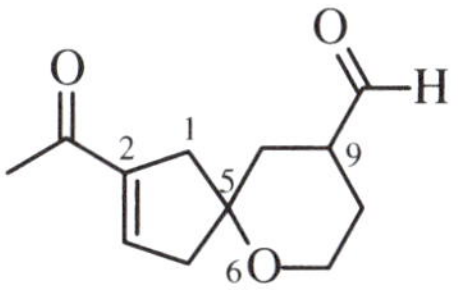

2-Acetyl-6-oxa-spiro[4.5]dec-2-en-9-carbaldehyd

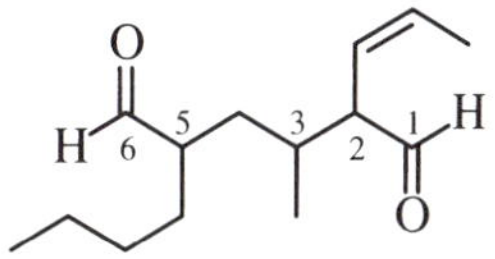

5-Butyl-3-methyl-2-(prop-1-en-1-yl)hexandial

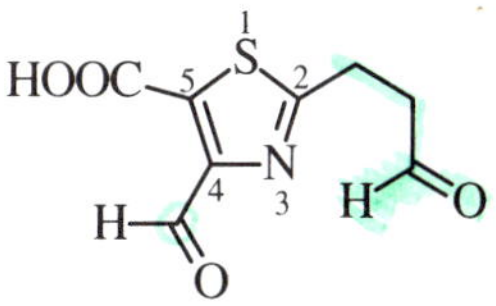

4-Formyl-2-(3-oxopropyl)-1,3-thiazol-5-carbonsäure

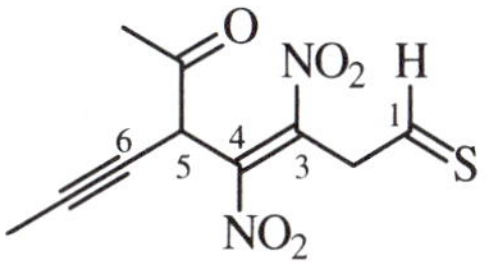

5-Acetyl-3,4-dinitrooct-3-en-6-inthial

Ketone werden durch das Suffix -on gekennzeichnet. In Anwesenheit einer höherrangigen funktionellen Gruppe wird das Präfix Oxo- verwendet. Die Thioanaloga werden entsprechend mit -thion bzw. Thioxo- benannt. Befindet sich eine Oxogruppe in Position 1 einer Seitenkette, wird die Seitenkette vorzugsweise als Acylgruppe behandelt. Auch Ketene, obwohl gewöhnlich als Substitutionsprodukte der Funktionsstammverbindung Keten angesehen, können als Ketone benannt werden.

7*H*-Furo[3,2-*g*]chromen-7-on
(Psoralen)
(C. A.: 7*H*-furo[3,2-*g*][1]benzopyran-7-one)

1,5-Dimethyl-2-phenyl-2,3-dihydro-1*H*-pyrazol-3-on
(INN: Phenazon)

3,4-Bis(2-bromethyl)-2*H*-thiet-2-thion

2-Propanoyl-4-thioxocyclohexanon
oder 2-(1-Oxopropyl)-4-thioxocyclohexanon

Diethylketen
oder 2-Ethylbut-1-en-1-on

Verbindungen mit zwei Alkyloxy- oder Aryloxygruppen an einem Kohlenstoffatom heißen Acetale, wenn sie von einem Aldehyd abgeleitet sind, und Ketale, wenn ihnen ein Keton zugrunde liegt. Sie werden bevorzugt wie Ether, also als Alkyloxy- bzw. Aryloxyverbindungen benannt. Alternativ können die beiden alphabetisch geordneten Alkyl- oder Arylgruppen und dann die Klassennamen -acetal an den Namen des Aldehyds bzw. -ketal an den Namen des Ketons angefügt werden. Cyclische Acetale oder Ketale werden bevorzugt als Heterocyclen behandelt. Die entsprechenden Halbacetale und Halbketale können analog, sollten aber als substituierte Alkohole benannt werden.

2,2-Dimethoxypropan
oder Acetondimethylketal

1-Ethoxy-1-methoxypropan
oder Propanalethylmethylacetal

Methacrylaldehydethylenacetal
oder 2-Isopropenyl-1,3-dioxolan

Für Oxime, Hydrazone und Semicarbazone fügt man den Klassennamen -oxim, -hydrazon bzw. -semicarbazon an den Namen des zugrundeliegenden Aldehyds oder Ketons an. Tragen solche Derivate in den das Sauerstoffatom substituierenden Gruppen weitere Substituenten, werden diese direkt vor dem Klassennamen genannt. Es ist aber auch die Benennung als Substitutionsprodukt von Hydroxylamin, Hydrazin bzw. Semicarbazid möglich (vgl. S. 97f.). Als Präfixe werden Hydroxyimino-, Hydrazono- und Semicarbazono- verwendet.

Wird Hydrazin mit zwei Carbonylverbindungen kondensiert, gelangt man zu einem Azin. Für symmetrische Azine wird der Klassenname -azin an den Namen des zugrundeliegenden Aldehyds oder Ketons angefügt (vgl. auch Phthalazin, S. 60). Andernfalls wird die Verbindung als substituiertes Hydrazon der höherrangigen Carbonylverbindung behandelt.

Die Benennung von Iminen ist in Abschnitt 10.2.6 beschrieben.

Benzaldehydoxim

Pentan-2-on-*O*-methyloxim

Aceton-(4-nitrophenyl)hydrazon

4*H*-Pyran-2-carbaldehyd-semicarbazon
oder 1-[(4*H*-Pyran-2-yl)methyliden]-semicarbazid

4-(Ethylidenhydrazono)phosphinan-2-carbonsäure

$$H_3C-CH=N-N=CH-CH_3$$

Acetaldehydazin

Propanalisopropylidenhydrazon

10.2.5 Alkohole, Phenole und Thiole

Alkohole und Phenole werden durch die Endung -ol gekennzeichnet, während das Präfix Hydroxy- bei Vorhandensein einer höherrangigen funktionellen Gruppe verwendet wird. Für die Thioanaloga treten an deren Stelle das Präfix Sulfanyl- (früher Mercapto-) und das Suffix -thiol.

3-(4-Phenylpiperazin-1-yl)-propan-1,2-diol
(INN: Levodropizin)

Thiophen-2-ol

1,7,7-Trimethylbicyclo[2.2.1]heptan-2-ol
(Borneol)

Benzenthiol oder Benzolthiol
(nicht Thiophenol)

Sulfanylessigsäure
(nicht Thioglycolsäure, nicht eindeutig!)

Hydroxythioessig-*S*-säure
(nicht Thioglycolsäure)

10.2.6 Amine, Imine und Hydrazin-
derivate

Derivate der Stammverbindung Azan
(Ammoniak) heißen **Amine**, wenn die
Aminogruppe als Substituent des Kohlenwasserstoffs angesehen wird. Für sie gibt
es das Präfix **Amino-** und das Suffix
-amin. Die Substitution eines Wasserstoffatoms an einer mit Suffix benannten
Aminogruppe wird durch den Lokanten
N- angezeigt. Da für Amine die radikofunktionelle Nomenklatur (s. S. 101f.)
recht verbreitet ist, die vor allem für symmetrisch substituierte sekundäre und ter-
tiäre Amine Vorteile bietet, muß darauf
hingewiesen werden, daß auf eine strenge
Trennung der beiden Verfahren geachtet
werden sollte.

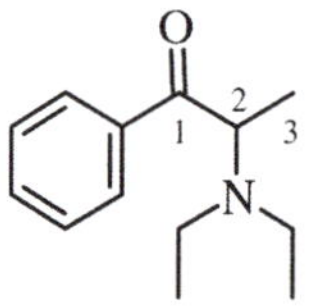

2-(Diethylamino)-1-phenylpropan-1-on
(INNv: Amfepramon)

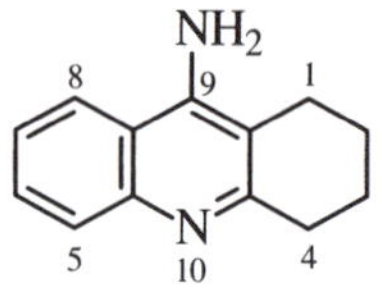

1,2,3,4-Tetrahydroacridin-9-amin
(INN: Tacrin)

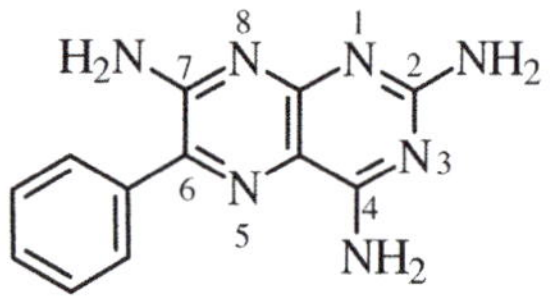

6-Phenylpteridin-2,4,7-triamin
(INN: Triamteren)

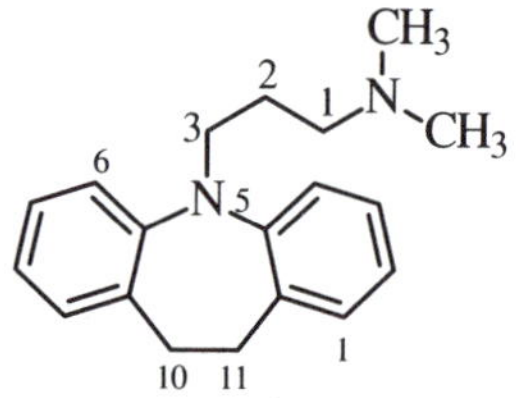

3-(10,11-Dihydro-5H-dibenzo[b,f]azepin-5-yl)-
N,N-dimethylpropan-1-amin
(INN: Imipramin)

$$HO-CH_2-CH_2-NH_2$$

2-Aminoethanol
(nicht Ethanolamin!)
(früher Colamin)

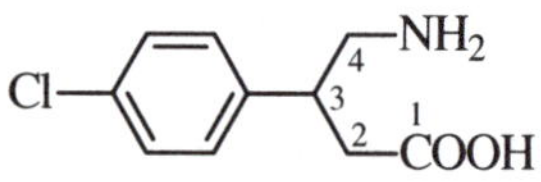

4-Amino-3-(4-chlorphenyl)butansäure
(INN: Baclofen)

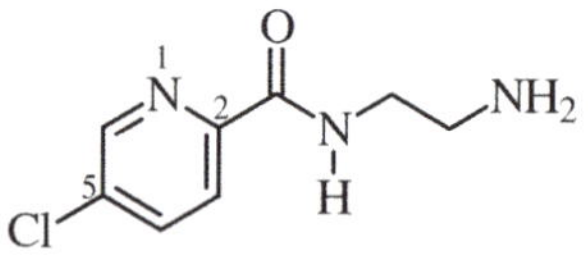

N-(2-Aminoethyl)-5-chlorpyridin-2-carbamid
(INN: Lazabemid)

Die Position von Substituenten an der Funktionsstammverbindung Hydroxylamin wird mit Hilfe der Lokanten *N*- und *O*- angegeben. Ist eine höherrangige funktionelle Gruppe in der Verbindung vorhanden, werden je nach Verknüpfung die Präfixe Hydroxyamino- oder Aminooxy- verwendet.

N-Methyl-*O*-phenyl-hydroxylamin

4-(Hydroxyamino)-benzoesäure

5-(Aminooxy)morpholin-2-on

Imine können als Derivate von Aldehyden oder Ketonen betrachtet werden, weshalb sie auch in Aldimine und Ketimine unterteilt wurden. Benannt werden sie substitutiv mit Hilfe des Präfixes Imino- bzw. des Suffixes -imin. Am Stickstoffatom substituierte Imine werden als Derivate des entsprechenden Amins benannt, weil Amine Vorrang vor Iminen haben (vgl. S. 78)

Phospholan-2-imin

4-Iminochroman-2-on

N-Benzyliden-methanamin

Für charakteristische Gruppen, die nur aus zwei direkt miteinander verbundenen Stickstoffatomen bestehen, gibt es keine Suffixe. Für die Stammverbindung Diazan wird vorzugsweise der Name Hydrazin verwendet. Entsprechend heißt das Präfix Hydrazino-.

(2,4-Dinitrophenyl)-hydrazin

3-Hydrazino-1,2-oxazol-5-sulfonamid

Azoverbindungen werden systematisch einheitlich als Derivate von Diazen betrachtet. Häufig tragen Azoverbindungen jedoch funktionelle Gruppen, die als Suffix zu nennen sind. Dann wird die Diazenylgruppe zum Substituenten, der wieder substituiert sein kann (vgl. S. 91).

Diphenyldiazen
(früher Azobenzol)

1-(Phenyldiazenyl)-2-naphthol
(bisher 1-Phenylazo-2-naphthol)

10.2.7 Formazane und Derivate der Kohlensäure

Formazan und viele stickstoffhaltige Derivate der Kohlensäure haben eine besondere Bezifferung und Trivialnamen, die als Funktionsstammverbindungen eingesetzt werden. Eine vollständige Liste findet sich in Tabelle 17 im Anhang (S. 130f.). Daher seien hier nur einzelne Beispiele gezeigt.

Die Amide der Kohlensäure heißen Carbamidsäure und Harnstoff (engl.: urea), dessen Tautomer Isoharnstoff. Ersetzt man das Sauerstoffatom im Harnstoff durch eine Iminogruppe, erhält man Guanidin. Als Substituenten heißen diese Gruppen Ureido- bzw. Guanidino-. Kondensationsprodukte des Harnstoffs oder des Guanidins werden Biuret, Biguanid, Triuret, Triguanid usw. genannt.

Das Hydrazid der Carbamidsäure heißt Semicarbazid, ihr Anion Carbamat.

$$H_2N-N=CH-N=NH$$
$$\quad 5 \quad 4 \quad 3 \quad \quad 2 \quad 1$$

Formazan

$$H_2N-COOH$$

Carbamidsäure

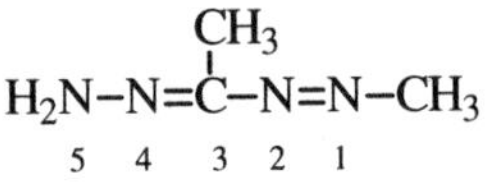

$$CH_3$$
$$H_2N-N=C-N=N-CH_3$$
$$\quad 5 \quad 4 \quad 3 \quad 2 \quad 1$$

1,3-Dimethylformazan

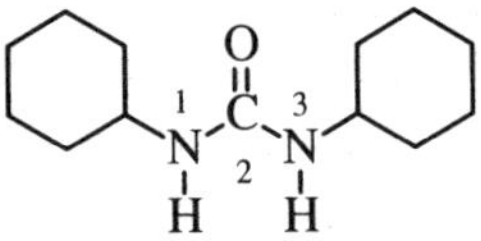

1,3-Dicyclohexylharnstoff (oder N,N'-Dicyclohexylharnstoff)

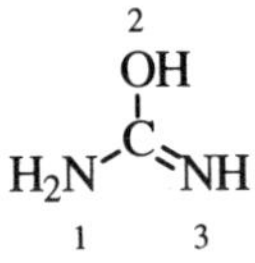

Isoharnstoff

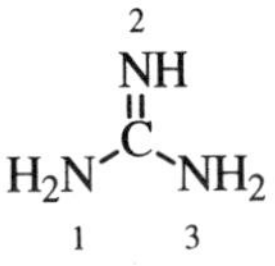

Guanidin

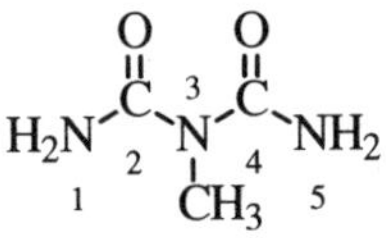

3-Methylbiuret

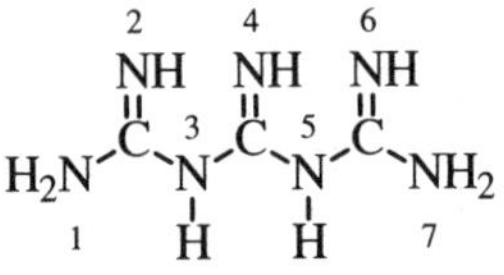

Triguanid

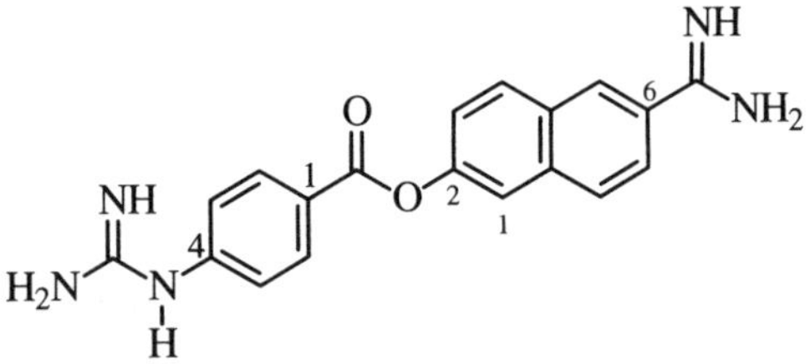

(6-Carbamimidoyl-2-naphthyl)-4-guanidinobenzoat
(INN: Nafamostat)
(bisher auch
(6-Amidino-2-naphthyl)-4-guanidinobenzoat)

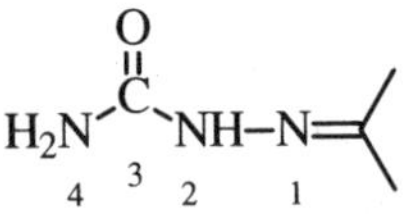

1-Isopropylidensemicarbazid
(oder Acetonsemicarbazon, vgl. S. 95)

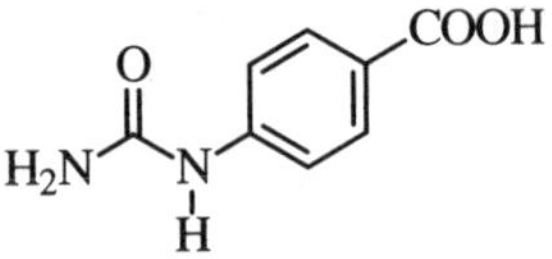

4-Ureidobenzoesäure

Neben der zuvor beschriebenen substitutiven Nomenklatur gibt es noch einige weitere Nomenklaturverfahren, die zum Teil nicht deutlich voneinander abgegrenzt werden können. Manche dieser Operationen sind unentbehrlich und werden daher auch innerhalb der substitutiven Nomenklatur verwendet. In den meisten anderen Fällen bieten sie jedoch keine Vorteile.

11.1 Additive Nomenklatur

Unter additiver Nomenklatur versteht man eine Reihe unterschiedlicher Nomenklaturoperationen, die die Addition von Atomen oder Atomgruppen an eine andere Struktureinheit beschreiben, z. B. die Hydrierung einer Doppelbindung. Tatsächlich ist die Erhöhung der Anzahl substituierbarer Wasserstoffatome einer Stammstruktur durch ein Hydropräfix oder die Endung -ium die wichtigste additive Nomenklaturoperation.

Eine gewisse Bedeutung behält die additive Nomenklatur auch zur Beschreibung der Addition von Sauerstoffatomen an Doppelbindungen oder Heteroatome, z. B. zur Benennung von Epoxiden, cyclischen Sulfoxiden und Sulfonen oder N-Oxiden. Dazu wird dem Namen der zugrundeliegenden Verbindung die Endung -oxid angefügt, die bei Bedarf um ein multiplikatives Präfix und Lokanten ergänzt wird. Da die Endung -oxid selbst keine funktionelle Gruppe beschreibt, kann sie auch an ein Suffix für eine funktionelle Gruppe angehängt werden.

Piperidinium
oder Piperidin-1-ium

1,2-Dihydrochinolin

Styrenoxid
oder Styroloxid
besser substitutiv:
2-Phenyloxiran
oder Phenyloxiran

Pyridin-1-oxid
(auch Pyridin-N-oxid)

10H-Phenothiazin-5,5-dioxid
substitutiv:
5,5-Dioxo-5,10-dihydro-
$5\lambda^6$-phenothiazin

Hexannitriloxid

Trimethylaminoxid

Butanthialoxid

1,2-Oxathian-2,2-dioxid
substitutiv:
2,2-Dioxo-1,2λ^6-oxathian
oder Butan-1,4-sulton

2-(4-Chlorphenyl)-3-methyl-
1,3-thiazinan-4-on-1,1-dioxid
substitutiv: 2-(4-Chlorphenyl)-3-methyl-
1,1-dioxo-1λ^6,3-thiazinan-4-on
(INN: Chlormezanon)

Hervorzuheben ist noch das Präfix Homo-. Es beschreibt den Einbau einer zusätzlichen Methylengruppe und wird praktisch ausschließlich bei der Benennung von Steroiden und anderen Naturstoffen, dagegen nur noch sehr vereinzelt mit anderen Trivialnamen verwendet.

Auch viele radikofunktionelle Namen (s. S. 101f.) entstehen ebenso wie die Namen von Salzen oder anorganischen Koordinationsverbindungen durch Additionsoperationen.

11.2 Subtraktive Nomenklatur

Unter der Bezeichnung subtraktive Nomenklatur werden Nomenklaturoperationen zusammengefaßt, die die Abspaltung von Atomen oder Atomgruppen und in einigen Fällen deren Ersatz durch Wasserstoffatome beschreiben. Die wichtigsten dieser Operationen führen zu den Endungen -en und -in sowie -yl, -yliden usw.

Durch ein Dehydro-Präfix wird die Abspaltung von Wasserstoffatomen unter Ausbildung von Mehrfachbindungen angegeben. Es kann daher nur zusammen mit einem geradzahligen numerischen Präfix auftreten.

Allgemein beschreibt das Präfix Des- (mit Ausnahme des eben genannten dehydro-; im Englischen generell De-) die Abspaltung der danach angegebenen Gruppe, z. B. Desoxy- den Wegfall von Sauerstoff oder Desmethyl- den Ersatz einer Methylgruppe durch Wasserstoff.

Eine ähnliche Bedeutung hat das vor allem in der Naturstoffchemie gebrauchte Präfix Nor-. Es zeigt die Abspaltung der durch die vorangestellten Lokanten bezeichneten Methylengruppen an.

(4-Hydroxy-3-methoxyphenyl)acetaldehyd
(früher Homovanillin)

Azepan
(früher Homopiperidin)

1,2-Didehydrobenzen
oder 1,2-Didehydrobenzol

6-Desoxy-α-D-mannopyranose

Cholest-5-en-3β-ol, Cholesterol

19-Norcholest-5-en-3β-ol

Bornan

8,9,10-Trinorbornan
(nicht Norbornan, vgl. S. 32)

Das hauptsächlich in der Kohlenhydratnomenklatur verwendete Präfix Anhydrosteht für die intramolekulare Bildung eines Anhydrids, also die Abspaltung von Wasser.

Abweichend von der Regel, subtraktive Präfixe generell als nicht abtrennbar zu behandeln, werden in der Kohlenhydratnomenklatur die Präfixe Anhydro-, Desoxy- und Dehydro- als abtrennbare Präfixe beschrieben (vgl. S.115ff.).

11.3 Radikofunktionelle Nomenklatur

Die radikofunktionelle Nomenklatur – der Versuch, die dafür im Englischen neu eingeführte Bezeichnung »functional class name« im Deutschen als Funktionsklassenname wiederzugeben, wirkt unbefriedigend – war früher sehr verbreitet, hat in den letzten Jahren jedoch zunehmend an Bedeutung verloren, so daß man heute eigentlich auf sie verzichten könnte. Nur in wenigen Fällen bietet sie Vorteile gegenüber der substitutiven Nomenklatur.

In der radikofunktionellen Nomenklatur wird dem oft in anionischer Form genannten Namen der Verbindungsklasse das Stammsystem in der Form des von ihm abgeleiteten Substituentennamens (früher als Radikal bezeichnet, daher der Name radikofunktionelle Nomenklatur) vorangestellt. Beschreibt der Name der Verbindungsklasse eine mehrbindige charakteristische Gruppe, so werden die daran gebundenen Reste in alphabetischer Reihenfolge genannt. Zur Erhöhung der Übersichtlichkeit sollten dann Bindestriche nach jedem Rest verwendet werden.

Beispiele für die radikofunktionelle Benennung charakteristischer Gruppen sind in Tabelle 12 zusammengestellt.

4,5-Anhydro-D-glucose

Methylendichlorid (in der Praxis meist zu Methylenchlorid verkürzt)
substitutiv: Dichlormethan

Benzylcyanid
substitutiv: Phenylacetonitril

Ethyl-methyl-keton
substitutiv: Butanon

Diphenylsulfon

$H_3C-CH_2-O-CH_2-CH_3$
Diethylether
substitutiv: Ethoxyethan

Triethylamin

Isobutyl-dimethyl-amin
substitutiv: N,N,2-Trimethylpropan-1-amin

Ethyl-methyl-propyl-amin
substitutiv: N-Ethyl-N-methylpropan-1-amin

Tabelle 12: Charakteristische Gruppen und ihre Benennung in der radikofunktionellen Nomenklatur, geordnet nach abnehmender Priorität*

Charakteristische Gruppe	Endung (zugleich Name der Verbindungsklasse)
(RCO)–X	-fluorid, -chlorid, -bromid, -iodid, -cyanid, -azid[a]
–X = –F, –Cl, –Br, –I, –CN, –N$_3$	
–CN	-cyanid
–NC	-isocyanid
–OCN	-cyanat
–NCO	-isocyanat
–ONC	-fulminat
–SCN	-thiocyanat
–NCS	-isothiocyanat
>C=O	-keton
>C=C=O	-keten
–OH	-alkohol[b]
–OOH	-hydroperoxid
–NH$_2$, –NH–, >N–	-amin
–O–	-ether
–S–	-sulfid
>S=O	-sulfoxid
>SO$_2$	-sulfon
–F, –Cl, –Br, –I	-fluorid, -chlorid, -bromid, -iodid
–N$_3$	-azid

* Präfixe für die meisten dieser charakteristischen Gruppen finden sich in den Tabellen 9 und 10 (S. 79 bzw. 80f.).

[a] Der radikofunktionelle Name eines Acylhalogenids (oder -pseudohalogenids) ist mit dessen substitutivem Namen identisch. In der radikofunktionellen Nomenklatur wird dabei der Acylrest (Stammsystem und ein Teil der charakteristischen Gruppe) als eine Einheit betrachtet.

[b] Früher gab es auch noch die Bezeichnung -carbinol für die Gruppe >C–OH (z. B. Triphenylcarbinol für Triphenylmethanol).

Treten in einer Verbindung verschiedene charakteristische Gruppen auf, kann nur die ranghöchste radikofunktionell benannt werden. Alle anderen werden nach den Regeln der substitutiven Nomenklatur behandelt, also alphabetisch geordnet dem Rest vorangestellt.

$$Cl-CH_2-O-CH_2-CH_3$$

Chlormethyl-ethyl-ether
substitutiv: (Chlormethoxy)ethan

11.4 Konjunktive Nomenklatur

Die vor allem von den Chemical Abstracts sehr intensiv genutzte konjunktive Nomenklatur ist ein an sich überflüssiges Nomenklaturverfahren. Wenn es auch in Einzelfällen zu einer Vereinfachung führt, so birgt es doch eine Vielzahl von Ausnahmen und Abweichungen von generellen Grundprinzipien der Nomenklatur und kann daher nicht zur Anwendung empfohlen werden. Entsprechend knapp wird das Prinzip im folgenden erläutert.

Eine Verbindung aus einem Ringsystem und einer Kette, deren Kette an einem Ende die funktionelle Gruppe der höchsten Priorität der gesamten Verbindung trägt und am anderen Ende mit einem Ring substituiert ist, wird als konjunktive Einheit betrachtet. Zu deren Benennung wird der unveränderte Name des Ringsystems dem Namen der funktionalisierten Kette vorangestellt. Das Verfahren kann auf Verbindungen ausgedehnt werden, in denen der Ring und die funktionelle Gruppe nicht endständig sind. Dann werden jedoch die Teile der Kette, die nicht zwischen Ring und funktioneller Gruppe liegen, als Substituenten der entsprechend kleineren konjunktiven Einheit betrachtet und deren Namen vorangestellt. Zur Unterscheidung von Substituenten an der Kette und am Ring muß die Kette dazu ausgehend von der funktionellen Gruppe der höchsten Priorität mit griechischen Buchstaben beziffert werden, während der Ring seine Bezifferung beibehält. Der Lokant für die Verknüpfungsstelle des Ringes wird, wenn nötig, zwischen den Namen der beiden Komponenten angegeben.

Cyclopentanethanol
substitutiv:
2-Cyclopentylethanol

5-Benzoyl-α-methylthiophen-2-essigsäure
substitutiv:
2-(5-Benzoyl-2-thienyl)propansäure
(INN: Tiaprofensäure)

Benzenderivate dürfen nur konjunktiv benannt werden, wenn mindestens zweimal die gleiche funktionalisierte Kette mit dem Ring verbunden ist. Diese nicht einzusehende Einschränkung gilt bei den Chemical Abstracts jedoch nicht.

Wenn die multiplikativen Präfixe Bi-, Ter- usw. dem Namen einer Stammverbindung vorangestellt werden, handelt es sich auch bei der Benennung von Ringverbänden (s. S. 53 f. und 69) um konjunktive Nomenklatur. Solche Ringverbände werden in der substitutiven Nomenklatur wie andere Stammsysteme auch behandelt. Eckige Klammern schließen dabei den Namen des unsubstituierten Ringverbandes ein, wenn ein Suffix hinzutritt, um zu verdeutlichen, daß dieses durch die multiplikativen Präfixe Bi-, Ter- usw. nicht ebenfalls vervielfacht wird.

Handelt es sich bei den Komponenten des Ringverbandes um eine Funktionsstammverbindung, so kann auch deren Trivialname, außer wenn er von Benzen abgeleitet ist, unter Beibehaltung der Bezifferung zur Benennung des Ringverbandes verwendet werden.

Als Ausnahme wird der analog, jedoch additiv gebildete Trivialname Biacetyl beibehalten.

Benzen-1,3-bis(ethylamin)
substitutiv:
2,2'-(Benzen-1,3-diyl)diethanamin
oder 2,2'-(1,3-Phenylen)diethanamin

2-(4-Isobutylphenyl)propansäure
(C. A.: α-methyl-4-(2-methylpropyl)-
benzeneacetic acid)
(INN: Ibuprofen)

[3,4'-Bipyridin]-2',6-diol
oder [3,4'-Bipyridyl]-2',6-diol

6,6'-Binicotinsäure
oder [2,2'-Bipyridin]-5,5'-dicarbonsäure

3,4'-Bi(1-naphthol)

Biacetyl

12 Komplizierte Verbindungen

Auch in komplizierten Verbindungen gelten die bisher behandelten Regeln. Dabei kann es aber vorkommen, daß für eine Verbindung mehrere dieser Regeln anwendbar sind. Für solche Fälle müssen im folgenden klare Richtlinien vorgestellt werden, in welcher Reihenfolge sie anzuwenden sind, soweit dies aus den bisherigen Ausführungen noch nicht ersichtlich ist.

12.1 Bestimmung des Stammsystems

Zur Konstruktion des Namens einer komplizierten Verbindung ist zuerst die Bestimmung des Stammsystems erforderlich. Stammsystem ist prinzipiell der Teil der Verbindung, der die als Suffix zu nennende funktionelle Gruppe der höchsten Priorität trägt. Bestehen dabei jedoch Wahlmöglichkeiten, weil sie mehrmals vorhanden ist, muß im speziellen Einzelfall zwischen acyclischen Verbindungen und Ringsystemen unterschieden werden.

12.1.1 Bestimmung der Hauptkette

Für komplexe verzweigte Kohlenwasserstoffe wurde bereits auf S. 27f. eine Reihe von Regeln zur Auswahl der Hauptkette behandelt. Unter Berücksichtigung charakteristischer Gruppen und der Möglichkeit, daß auch Heteroatome in der Kette enthalten sein können, die dann nach den Regeln der Austauschnomenklatur (s. S. 67f.) benannt werden, muß diese Kriterienliste jedoch entsprechend erweitert werden. In der folgenden Krite-

rienliste sind die zusätzlichen Auswahlregeln eingefügt, ohne die Reihenfolge
der bereits früher genannten Regeln (hier
durch Fettdruck der Nummer hervorgehoben) zu verändern. Sie ist daher für alle
acyclischen Verbindungen anwendbar.

Hauptkette einer komplizierten acyclischen Verbindung wird die Kette, die

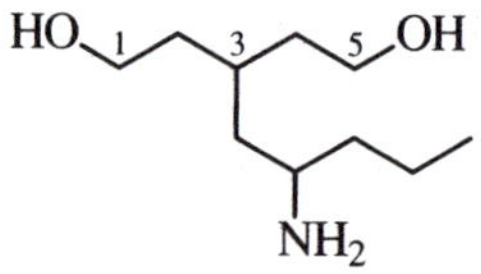

1. die ranghöchste funktionelle Gruppe
   am häufigsten trägt,

3-(2-Aminopentyl)pentan-1,5-diol

Hexylmalonsäure

2. die meisten Heteroatome enthält,

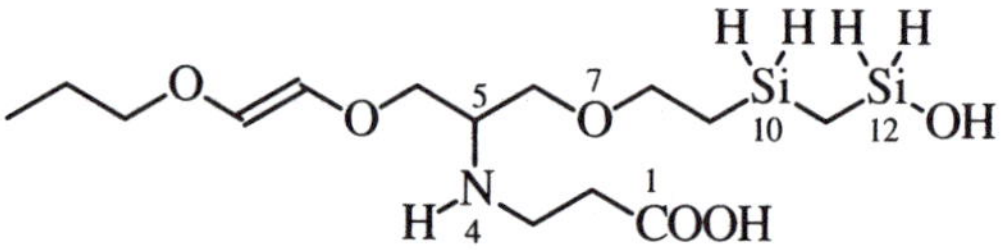

12-Hydroxy-5-[(2-propoxyvinyloxy)methyl]-
7-oxa-4-aza-10,12-disiladodecansäure

3. die meisten Mehrfachbindungen
   (Doppel- und Dreifachbindungen)
   enthält,

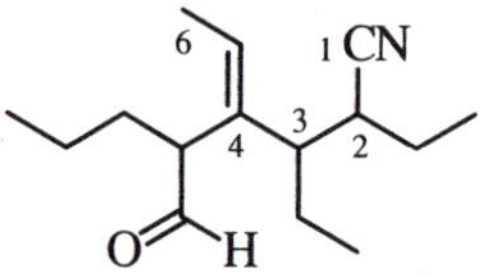

2,3-Diethyl-4-(1-formylbutyl)hex-4-ennitril

4. die längste Kette ist,

   (Die Chemical Abstracts geben diesem Kriterium Vorrang vor dem 3. Kriterium)

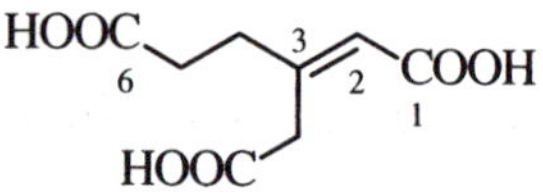

5. die meisten Atome des ranghöchsten
   Heteroelementes (s. Tabelle 23,
   S. 138) enthält,

3-(Carboxymethyl)hex-2-endisäure

6. die meisten Doppelbindungen enthält,

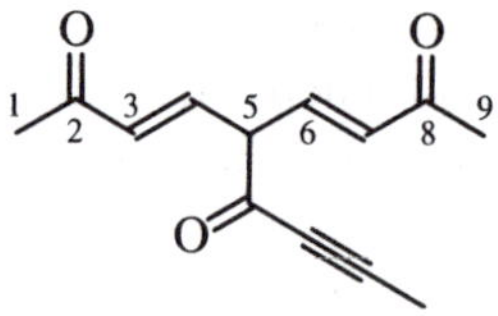

5-(1-Oxobut-2-in-1-yl)nona-3,6-dien-2,8-dion
oder 5-(But-2-inoyl)nona-3,6-dien-2,8-dion

7. die niedrigsten Lokanten für die als Suffix genannte funktionelle Gruppe aufweist,

5-(2-Oxobut-3-en-1-yl)nona-3,7-dien-2,6-dion

8. den niedrigsten Lokantensatz für die Heteroatome erhält,

9. den niedrigsten Lokantensatz für die nach ihrer Priorität geordneten Heteroatome erhält,

10. den niedrigsten Lokantensatz für die Mehrfachbindungen erhält,

5-(1-Oxobut-3-en-1-yl)nona-3,7-dien-2,6-dion
oder 5-(But-3-enoyl)nona-3,7-dien-2,6-dion

11. den niedrigsten Lokantensatz für die Doppelbindungen erhält,

6-(Pent-3-en-1-in-1-yl)undeca-3,7-dien-1,9-diin

12. die meisten als Präfix genannten Substituenten besitzt,

5-Butyl-1,9-dichlornonan

13. den niedrigsten Lokantensatz für die als Präfix genannten Substituenten erhält,

1-Chlor-5-(4-chlorbutyl)-7-fluornonan

14. den alphabetisch erstgenannten Substituenten trägt,

1-Brom-9-chlor-5-(4-chlorbutyl)nonan

15. die niedrigsten Lokanten für den alphabetisch erstgenannten Substituenten erhält.

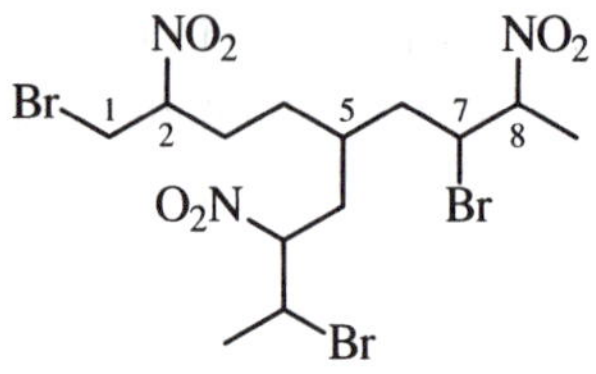

1,7-Dibrom-5-(3-brom-2-nitrobutyl)-2,8-dinitrononan

Wenn diese Regeln nicht ausreichen, können das 14. und 15. Kriterium sinngemäß auf den alphabetisch zweitgenannten Substituenten usw. ausgedehnt werden, z. B. für nebenstehende Formel.

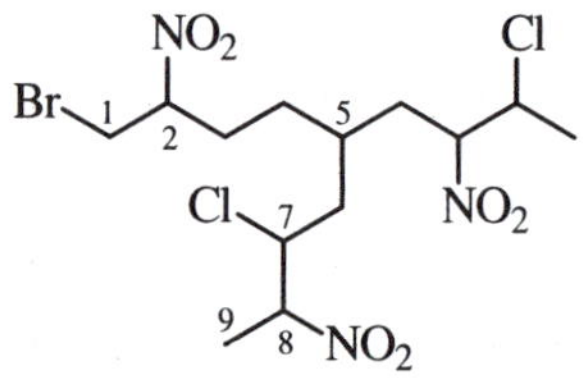

1-Brom-7-chlor-5-(3-chlor-2-nitrobutyl)-2,8-dinitrononan

12.1.2 Auswahl des ranghöchsten Ringsystems

Von mehreren zur Wahl stehenden Ringen oder Ringsystemen wird dasjenige zum Stammsystem, das

1. die ranghöchste funktionelle Gruppe am häufigsten trägt,

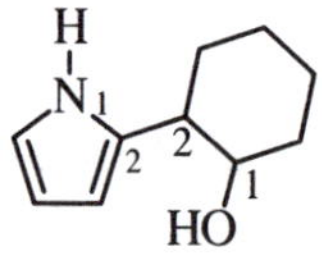

2-(Pyrrol-2-yl)cyclohexanol

2. ein heterocyclisches System ist,

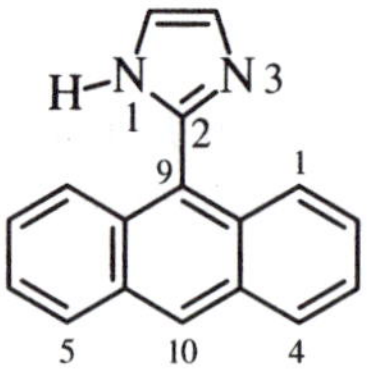

2-(9-Anthryl)imidazol

3a. stickstoffhaltig ist,

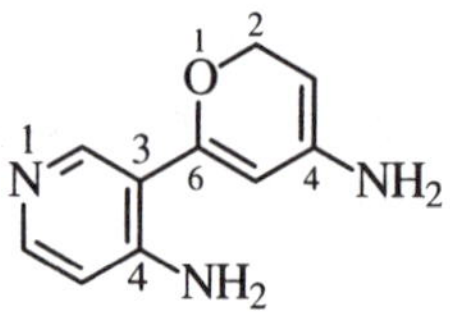

3-(4-Amino-2H-pyran-6-yl)pyridin-4-amin

3b. wenn kein stickstoffhaltiger Ring als Stammsystem zur Wahl stand (andernfalls wird dieses Kriterium übersprungen), das Heteroatom der höchsten Priorität enthält,

2-(4-Carboxy-1*H*-phosphol-2-yl)-thiophen-3-carbonsäure

3-(7-Oxo-7,8-dihydrophosphinolin-2-yl)-5-(4-piperidyl)-2*H*-pyran-2-on

4. aus den meisten Ringen besteht,

2-(4-Oxo-4*H*-1,2-oxazin-6-yl)indolin-3-on

5-Chlor-*N*-(4,5-dihydro-1*H*-imidazol-2-yl)-2,1,3-benzothiadiazol-4-amin
(INN: Tizanidin)

5. beim Vergleich der nach ihrer Größe geordneten Ringe den größten Ring an der ersten unterscheidbaren Position besitzt,

2-(3-Furyl)-4*H*-pyran

3-(1-Methylpyrrolidin-2-yl)pyridin
(Nicotin)

6. die meisten Heteroatome enthält,

2-(3-Chinolyl)chinoxalin

7. die größte Vielfalt an Heteroatomen aufweist,

8. beim Vergleich der nach ihrer Priorität geordneten Heteroatome das Heteroatom der höchsten Priorität an der ersten unterscheidbaren Position besitzt,

9. den niedrigsten Lokantensatz für alle Heteroatome gemeinsam aufweist,

10. den niedrigsten Lokantensatz für die nach ihrer Priorität geordneten Heteroatome erhält,

11. die größte Zahl an mehreren Ringen gemeinsamen Atomen hat,

3-(3'-Hydroxybiphenyl-3-yl)-2-naphthol

12. den niedrigsten Buchstaben-Lokanten für Anellierungsstellen erhält,

9-(Naphtho[2,1-*h*]chinolin-6-yl)naphtho[2,1-*f*]chinolin

13. die niedrigsten Zahlen-Lokanten für Verknüpfungsstellen von Ringen erhält,

6'-(Spiro[cyclopentan-1,2'-inden]-3-yl)-spiro[cyclopentan-1,1'-inden]

14. den niedrigsten Hydrierungsgrad hat,

1-Chlor-3-(2,6-dibromcyclohexyl)benzen oder
1-Chlor-3-(2,6-dibromcyclohexyl)benzol

15. die niedrigsten Lokanten für indizierten Wasserstoff erhält,

16. die niedrigsten Lokanten für die als Suffix genannte funktionelle Gruppe erhält,

1*H*,4'*H*-2,2'-Biinden
(2-(4*H*-Inden-2-yl)inden)

17. die meisten als Präfix genannten Substituenten trägt,

4-[(2-Brom-5-hydroxyphenoxy)methyl]-
2,3-dichlorphenol

18. die niedrigsten Lokanten für die als Präfix genannten Substituenten und durch Endung ausgedrückte Mehrfachbindungen oder Hydropräfixe zusammen erhält,

19. die niedrigsten Lokanten für den alphabetisch zuerst genannten Substituenten erhält.

3-(4-Carboxybenzyloxy)benzoesäure

Die als 15. bis 19. genannten Kriterien sind dabei nur anwendbar, wenn die zur Wahl stehenden Ringsysteme nicht direkt miteinander verknüpft sind. Denn direkt miteinander verknüpfte Ringe sind als Ringverband zu benennen, wenn bis zum 14. Kriterium keine Entscheidung über das Stammsystem gefallen ist.

Beim genauen Studium dieser Kriterienliste wird auffallen, daß die unter 2. bis 10. genannten Auswahlregeln mit denen übereinstimmen, die auf S. 64ff. zur Bestimmung der Basiskomponente eines anellierten Ringsystems vorgestellt wurden. Dies soll jedoch nicht dazu verleiten, die Basiskomponente eines anellierten Systems und ein Stammsystem zu verwechseln. Nebenstehendes Beispiel möge zur Verdeutlichung dienen. Es handelt sich um zwei miteinander verknüpfte anellierte Systeme, die beide keinen Trivialnamen besitzen. Folglich enthält jedes von ihnen eine Basiskomponente (und einen Anellanden). Nur eines von beiden, und zwar als ganzes, ist jedoch das Stammsystem, nämlich das, das die funktionelle Gruppe der höchsten Priorität trägt, in diesem Fall die Carboxygruppe. Während also zur Bestimmung des Stammsystems die Substituenten wichtig sind, ist die Benennung der beiden anellierten Systeme am einfachsten, wenn sie zunächst ohne jeglichen Substituenten betrachtet werden. Stehen deren beide Namen fest, ergibt sich der Rest des Namens der gesamten Verbindung ohne Schwierigkeiten.

2H-Furo[2,3-b]pyrrol

5H-Thiopyrano-[2,3-b]pyridin

3-(2-Oxo-2H-furo[2,3-b]pyrrol-5-yl)-5H-thiopyrano[2,3-b]pyridin-4-carbonsäure

12.1.3 Vorrang zwischen Ring und Kette

Ein sehr wesentlicher Anteil von Verbindungen enthält nicht nur acyclische Bestandteile und ist ebensowenig nur aus Ringen aufgebaut. Prinzipiell gilt auch in solchen Verbindungen, in denen Ringe mit Ketten verknüpft sind, daß der Teil zum Stammsystem wird, der die funktionelle Gruppe der höchsten Priorität am häufigsten trägt. Hat man dabei die Wahl zwischen einem Ring und einer Kette, die die funktionelle Gruppe der höchsten Priorität gleich häufig tragen, gelten wieder die gleichen Regeln, wie sie bereits im 3. Kapitel auf S. 30 beschrieben wur-

1-[(2-Methoxy-6-methyl-3-pyridyl)methyl]-aziridin-2-carbonitril
(INN: Ciamexon)

2-(2-Methyl-5-nitroimidazol-1-yl)ethanol
(INN: Metronidazol)

den. Demnach wird der Teil zum Stammsystem, der die meisten (als Präfix genannten) Substituenten trägt, oder (wenn
auch dies zu keiner Entscheidung führt)
die meisten Gerüstatome enthält.

5-[3-(*tert*-Butylamino)-2-hydroxypropoxy]-
1,2,3,4-tetrahydronaphthalen-2,3-diol
(INN: Nadolol)

12.2 Bezifferung

In den Regeln zur Ermittlung der ranghöchsten Kette und des ranghöchsten
Ringsystems sind auch Kriterien enthalten, die die Bezifferung voraussetzen,
diese aber andererseits festlegen, soweit
die Bezifferungsregeln für die Stammsysteme noch Wahlmöglichkeiten offen-
ließen.

Um mögliche Unsicherheiten auszuräu-
men, werden im folgenden alle Bezifferungsregeln zusammengefaßt, die nach
dem Hinzutreten von charakteristischen
Gruppen an eine Stammstruktur zu berücksichtigen sind.

Es sei hier nochmals betont: Für jede
noch so komplizierte Verbindung gilt,
daß zuerst die Bezifferungsregeln der ihr
zugrundeliegenden Stammverbindung zu
berücksichtigen sind. Bestehen dann
noch Wahlmöglichkeiten, wird die Bezifferung so festgelegt, daß gemäß der folgenden nach abnehmender Priorität geordneten Regeln möglichst niedrige
Lokanten vergeben werden an

1. indizierten Wasserstoff (auch wenn
   er im Namen nicht explizit genannt
   wird),

2-[(4-Hydroxyphenethyl)amino]-
1-(4-hydroxyphenyl)propan-1-ol
(INN: Ritodrin)

N-Benzyl-1-methyl-*N*-phenylpiperidin-4-amin
(INN: Bamipin)

2*H*-Pyran-6-carbonitril

Inden-7-carbonsäure
(nicht
3*H*-Inden-4-carbonsäure)

2. die als Suffix genannte funktionelle Gruppe der höchsten Priorität (innerhalb eines Substituenten wird dessen Verknüpfungsstelle [freie Valenz] als funktionelle Gruppe der höchsten Priorität behandelt),

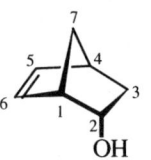

Bicyclo[2.2.1]hept-5-en-2-ol

7-Ethoxyacridin-3,9-diamin
(INN: Ethacridin)

4,6-Dimethylpentalen-2-carbonylchlorid

Cyclohex-2-enyl

3. durch Endungen benannte Mehrfachbindungen,

3-Bromprop-1-en
(oder 3-Brompropen)

4. durch Endungen benannte Doppelbindungen,

Pent-1-en-4-in-3-on

5. alle als Präfix genannten Substituenten,

5-Azido-2,6-dimethylcycloheptanol

6. den alphabetisch erstgenannten Substituenten.

3-Brom-5-nitrobenzoesäure

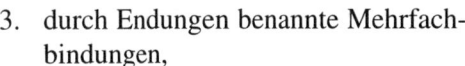

1-(Isopropylamino)-3-(1-naphthyloxy)propan-2-ol
(INN: Propranolol)

Hydropräfixe wurden bisher zusammen mit den als Präfix genannten Substituenten berücksichtigt. Dies entsprach der bei den Chemical Abstracts geübten Praxis, die die Hydropräfixe alphabetisch unter den Substituenten einordnen.

Da Hydropräfixe jedoch keine Substituenten beschreiben (die Wasserstoff ersetzen), sondern die Addition von Wasserstoff an eine Stammstruktur, werden sie jetzt als nicht abtrennbare Präfixe behandelt (s. S. 116). Sie haben somit einen Status, der dem des indizierten Wasserstoffs oder der Endungen -en und -in gleicht. Eine Berücksichtigung zusammen mit den Substituenten ist daher nicht mehr gerechtfertigt. Die genaue Prioritätenfolge wird in der IUPAC zur Zeit noch diskutiert. Einer Protokollnotiz aus dem Jahr 1995 ist jedoch zu entnehmen, daß in einem bevorzugten Namen die Hydropräfixe die gleiche Priorität einnehmen sollen wie die durch Endungen benannten Mehrfachbindungen (3. Kriterium). Konsequenterweise sollten durch Dehydropräfixe beschriebene Mehrfachbindungen entsprechend behandelt werden.

12.3 Aufbau eines systematischen Namens

Ein systematischer Name wird dadurch gebildet, daß dem Namen des Stammsystems die übrigen Bestandteile der Verbindung in Form von Suffixen und Präfixen hinzugefügt werden.

Als Suffix kann nur die funktionelle Gruppe der höchsten Priorität (vgl. Tabelle 8, S. 78) genannt werden. Sie steht prinzipiell am Ende des Namens.

Alle anderen Bestandteile der Verbin-

6,7-Dihydroanthracen-1-thiol

6,7-Dichlor-2,3-dihydroanthracen

Chinolin-8-ol
(nicht 8-Hydroxychinolin)
(nicht Oxin, vgl. S. 59)

5-Oxopyrrolidin-2-carbonsäure
oder 5-Oxoprolin
(nicht Pyrrolidin-5-on-2-carbonsäure)
(nicht Pyrrolidin-2-on-5-carbonsäure)
(nicht 2-Pyrrolidon-5-carbonsäure)
(früher Pyroglutaminsäure)

dung müssen mit geeigneten Präfixen benannt werden, von denen zwei Arten unterschieden werden, nämlich die abtrennbaren und die nicht abtrennbaren Präfixe. Als nicht abtrennbare Präfixe werden diejenigen bezeichnet, die in irgendeiner Form die Veränderung der Gerüststruktur des Stammsystems anzeigen und daher mit dessen Namen verbunden bleiben müssen. Sie können weiter unterteilt werden in solche, die

1. die Größe verändern, z. B. Des-, Homo-, Nor-, Anhydro-,

2. Ringbildung anzeigen, z. B. Cyclo-, Bicyclo- usw., Spiro-,

3. Ringspaltung beschreiben, z. B. Seco- (in der Steroidnomenklatur),

4. Isomerisierung ausdrücken, z. B. Iso-, Neo-, *sec*-, *tert*-,

5. Brücken hinzufügen, z. B. Ethano-, Epoxy-,

6. den Austausch von Gerüstatomen anzeigen, z. B. a-Terme wie Oxa-, Aza-, Carba- usw.,

7. Wasserstoff angeben, Hydro-, Dehydro-, *H*.

Ihre Nennung im Namen erfolgt in der

Schema des Aufbaus eines systematischen Namens

(Stereo-deskriptoren)	Substituenten alphabetisch geordnet (abtrennbare Präfixe)	stammsystemmodifizierende (nicht abtrennbare) Präfixe			
		Hydro-/ Dehydro-präfixe	x*H*- (indizierter Wasserstoff)	a-Terme	Gerüst-modifikatoren Cyclo- Bicyclo- Spiro- Homo-, Iso-

erweitertes Stammsystem

Reihenfolge Hydro- und Dehydropräfixe, indizierter Wasserstoff, a-Terme der Austauschnomenklatur in der Reihenfolge ihrer Priorität, brückenbildende und schließlich übrige gerüstverändernde Präfixe (in alphabetischer Reihenfolge, wenn mehrere von ihnen auftreten).

Abtrennbar sind die Präfixe für Substituenten. Sie werden im Namen alphabetisch geordnet vor den nicht abtrennbaren Präfixen angegeben.

Steht die Reihenfolge aller Präfixe in einem Namen fest, werden ihnen noch soweit notwendig entsprechende multiplikative Präfixe vorangestellt, die aber die bereits ermittelte Reihenfolge nicht mehr verändern.

Zur Verdeutlichung der Gliederung eines systematischen Namens dient auch das untenstehende Schema.

Der Name einer chemischen Verbindung ist (im Deutschen) prinzipiell ein Wort, von dem nur der erste Buchstabe groß geschrieben wird. Er kann durch Bindestriche gegliedert und durch Namenszusätze wie Lokanten oder Stereodeskriptoren ergänzt sein. Auch indizierter Wasserstoff und bestimmte Strukturmodifikatoren (z. B. *sec*-) gelten als Namenszu-

Stammsystem	-en, -in	funktionelle Gruppe der höchsten Priorität	(additive Endungen, z. B. -oxid) (derivatisierende Endungen, z. B. -hydrazon)

sätze, die beim Ordnen nach dem Alphabet zunächst nicht berücksichtigt und daher kursiv gesetzt werden. Namenszusätze sind auch von den üblichen Regeln der Groß- und Kleinschreibung ausgenommen. Sie werden stets gleich geschrieben, egal an welcher Stelle eines Namens oder eines Satzes sie stehen. *sec*-Butylbenzoat z. B. wird auch am Satzanfang so geschrieben.

Eine Besonderheit gilt es zu beachten, wenn die als Stammsystem ermittelte Einheit mehrmals in einer Verbindung vorhanden ist und diese gleichen Einheiten durch ein symmetrisches Bindeglied miteinander verbunden sind. Dieses Bindeglied wird dem um ein multiplikatives Präfix erweiterten Namen des (funktionalisierten) Stammsystems direkt vorangestellt und nimmt somit eine Sonderstellung ein, weil es von der alphabetischen Einordnung eventueller weiterer Substituenten ausgenommen ist. Die Bezifferung der Stammsysteme bleibt erhalten, wobei aber die Komponente mit der am niedrigsten bezifferten Verknüpfungsstelle zum Bindeglied die ungestrichenen Lokanten, die anderen entsprechend gestrichene Lokanten erhalten.

Weitere Substituenten an den Stammsystemen werden in gewohnter Weise alphabetisch geordnet und dann mit eventuell erforderlichen multiplikativen Präfixen versehen vor dem vollständigen Namen des Bindegliedes angegeben.

2,3'-Diazendiyldiphenol
(bisher Azobenzol-2,3'-diol
oder 2,3'-Azodiphenol)

Nitrilotriessigsäure

4,4'-(1,3,4-Oxadiazol-2,5-diyl)dianilin

2'-Chlor-3',4-dipropyl-3,4'-oxydibenzoesäure

2,2'-Bis(4-chlorphenoxy)-2,2'-dimethyl-
N,*N*'-(disulfandiyldiethylen)dipropanamid

Auch eine weitergehende Substitution im Bindeglied ist denkbar, muß aber auf die Fälle beschränkt bleiben, in denen dessen Symmetrie erhalten bleibt (oder zumindest die eindeutige Zuordnung eines Lokanten möglich ist). Der Name eines komplexen Bindegliedes beginnt mit dessen zentraler Gruppe, während die Bezifferung jeder seiner Teileinheiten sofern notwendig in umgekehrter Richtung von den Stammsystemen weg erfolgt.

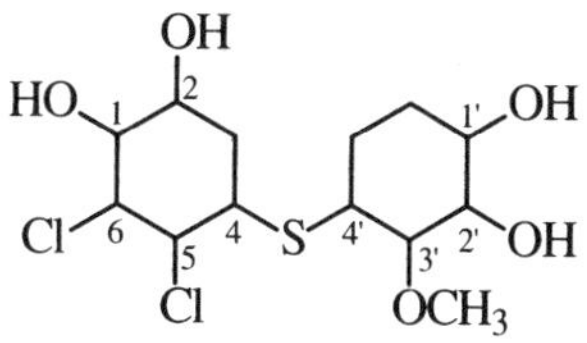

5,6-Dichlor-3'-methoxy-
4,4'-sulfandiyldi(cyclohexan-1,2-diol)

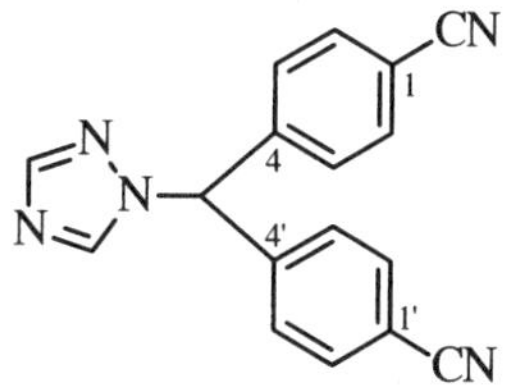

4,4'-[(1H-1,2,4-Triazol-1-yl)methylen]-
dibenzonitril
(INN: Letrozol)

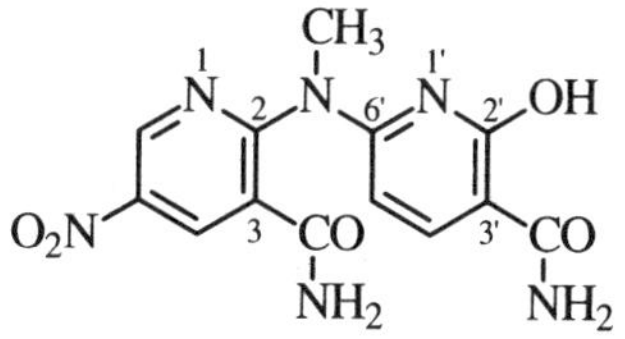

2'-Hydroxy-5-nitro-
2,6'-(methylimino)dinicotinamid

13 Stereochemische Bezeichnungsweisen

Obwohl Stereochemie sehr wichtig ist, ist sie in diesem Buch bisher weitgehend unberücksichtigt geblieben. Dies hat, wie bereits in der Einleitung erwähnt, seinen Grund darin, daß sich die Namen von Stereoisomeren in der Regel nur durch einen Zusatz, einen Stereodeskriptor, unterscheiden. Im folgenden werden anhand weniger Beispiele Hinweise zur Verwendung der Stereodeskriptoren und zu ihrer richtigen Plazierung im Namen einer Verbindung gegeben.

Eine ausführliche Behandlung aller stereochemischen Aspekte würde jedoch den Rahmen dieses Buches sprengen. Für nähere Einzelheiten sollten daher die Standardwerke der Stereochemie konsultiert werden.

Bei den Stereodeskriptoren unterscheidet man solche, die die absolute Konfiguration an einem stereogenen Zentrum beschreiben, von denen, die nur die relative Konfiguration anzeigen. Wenn von einer Verbindung die absolute Konfiguration bekannt ist, sollte sie eindeutig und vollständig angegeben werden.

Zur Beschreibung der Konfiguration an Chiralitätszentren bedient man sich vorzugsweise der Stereodeskriptoren R und S die nach dem CIP-System (Cahn-Ingold-Prelog-System, benannt nach den drei Begründern) ermittelt werden. Dazu wird ein Chiralitätszentrum so betrachtet, daß der Substituent der niedrigsten Priorität vom Betrachter wegweist. Sind die übrigen Substituenten für den Betrachter dann in der Reihenfolge ab-

(R)-Milchsäure

(S)-Milchsäure

nehmender Priorität im Uhrzeigersinn angeordnet, liegt *R*-Konfiguration vor, bei einer Anordnung gegen den Uhrzeigersinn *S*-Konfiguration.

Die Prioritätenfolge der Substituenten ergibt sich aus der Ordnungszahl der direkt an das Chiralitätszentrum gebundenen Atome. Elemente höherer Ordnungszahl haben höhere Priorität. Ist diese gleich, hat das schwerere Isotop Vorrang. Können zwei an das Chiralitätszentrum gebundene Atome nicht unterschieden werden, müssen die als nächste an sie gebundenen Atome auf die gleiche Weise betrachtet werden. Doppelbindungen löst man dabei so auf, als wären zwei Einfachbindungen vorhanden.

Wenn eine Doppelbindung an beiden Enden je zwei unterschiedliche Substituenten trägt, werden die Isomere durch die Deskriptoren *E* und *Z* unterschieden. *E*-Konfiguration (von entgegen) liegt vor, wenn der nach dem CIP-System vorrangige Substituent am einen Ende der Doppelbindung auf der anderen Seite steht als der höherrangige Substituent am anderen Ende der Doppelbindung. Entsprechend liegt *Z*-Konfiguration (von zusammen) vor, wenn diese beiden Substituenten auf dieselbe Seite der Verbindung gerichtet sind.

Nach dem CIP-System ermittelte Stereodeskriptoren, die die absolute Konfiguration anzeigen, werden in runde Klammern eingeschlossen dem Namen der Verbindung durch einen Bindestrich getrennt vorangestellt. Da es sich um einen Namenszusatz handelt, werden sie kursiv gesetzt. Wenn nötig wird ihnen ein Lokant vorangestellt.

(*S*)-3,4-Dimethylpent-1-en
oder (3*S*)-3,4-Dimethylpent-1-en

(1*R*)-1,7,7-Trimethylbicyclo[2.2.1]heptan-2-on
oder (1*R*)-Bornan-2-on
(Campher)

(2*R*,3*S*)-(3-Methyloxiran-2-yl)phosphonsäure
oder [(2*R*,3*S*)-3-Methyloxiran-2-yl]phosphonsäure
(INN: Fosfomycin)

(1*R*,2*S*,5*R*)-2-Isopropyl-5-methylcyclohexanol
oder (1*R*,3*R*,4*S*)-*p*-Menthan-3-ol
[(−)-Menthol]
(INN: Levomenthol)

(2*Z*)-But-2-en   oder   (*Z*)-Buten
[oder (*Z*)-But-2-en]

Sind zur Beschreibung der absoluten Konfiguration einer Verbindung mehrere Stereodeskriptoren notwendig, werden sie in aufsteigender Reihenfolge ihrer Lokanten geordnet, durch Komma getrennt und gemeinsam durch Klammern eingeschlossen.

(2E,4R)-4-Methylhept-2-enal

Für Aminosäuren und Kohlenhydrate werden gewöhnlich die kleiner gesetzten Stereodeskriptoren D und L zur Beschreibung der absoluten Konfiguration verwendet. Zu ihrer Ermittlung muß die Formel der Verbindung in der Fischer-Projektion dargestellt werden. Eine Verbindung ist dann D-konfiguriert, wenn die Aminogruppe einer α-Aminosäure bzw. die Hydroxygruppe am Chiralitätszentrum mit dem höchsten Lokanten eines Kohlenhydrates rechts der Hauptkette steht. Bei L-Konfiguration steht die betreffende Gruppe entsprechend links der Hauptkette. Die Konfiguration der übrigen Chiralitätszentren ergibt sich dann aus dem Namen der Verbindung, der bereits die relative Konfiguration aller Chiralitätszentren beinhaltet.

L-Threonin

D-Threose

Mit dem Namenszusatz *meso* wird eine Verbindung versehen, die trotz vorhandener Chiralitätszentren achiral ist.

meso-Weinsäure
[(2R,3S)-Weinsäure]

Die relative Konfiguration an einem Ring wird durch den Stereodeskriptor *cis* beschrieben, wenn zwei Substituenten an verschiedenen Atomen auf derselben Seite der (idealisierten) Ringebene stehen. Entsprechend sind sie *trans*-ständig, wenn sie von der Ringebene aus in entgegengesetzte Richtungen weisen.

cis-1,3-Dimethylcyclopentan

trans-4-(2-Chlorcyclopropyl)anisol

Bei Bicyclen, bei denen die beiden Zweige des Hauptringes länger als die mindestens ein Atom enthaltende Brücke sind, werden die Stereodeskriptoren *exo*, *endo*, *syn* und *anti* zur Beschreibung der relativen Konfiguration verwendet. Sie müssen zwischen dem Lokanten und dem Namen des Substituenten, dessen Orientierung sie angeben, genannt werden. Ein Substituent an der Brücke steht *syn*, wenn er zum niedriger bezifferten Zweig des Hauptringes weist, und *anti*, wenn er von diesem wegweist. Im Hauptring wird ein Substituent mit dem Zusatz *exo* bezeichnet, wenn er zur Brücke weist, und *endo*, wenn er von der Brücke weggerichtet ist.

Die hier genannten Stereodeskriptoren, die relative Konfiguration anzeigen, werden ohne Klammern verwendet.

Soll im Namen einer chiralen Verbindung als zusätzliche Information das Vorzeichen der von ihr bewirkten optischen Drehung angegeben werden, geschieht dies in runden Klammern, und zwar nach den Stereodeskriptoren für die absolute Konfiguration aber, wenn nur ein Deskriptor für die relative Konfiguration verwendet wird, vor diesem.

Ist eine eindeutige Zuordnung eines Stereodeskriptors zu einer bestimmten Struktureinheit nicht mehr möglich, wenn er am Anfang des gesamten Namens steht, wird er an den Anfang der entsprechenden Untereinheit (Substituenten) gestellt.

2-*exo*-Brom-7-*anti*-methylbicyclo[2.2.1]heptan

(1*S*,2*S*)-Cyclohexan-1,2-diamin
[oder (1*S*,2*S*)-(+)-Cyclohexan-1,2-diamin]
[nicht (1*S*)-*trans*-Cyclohexan-1,2-diamin]
[(+)-*trans*-Cyclohexan-1,2-diamin, wenn die absolute Konfiguration nicht bekannt wäre]

(1*R*,2*S*,4*S*)-4-Ethyl-2-[(2*R*)-2-hydroxypropyl]-cyclohexancarbonsäure

14   Anhang

In den folgenden Tabellen beibehaltener Trivialnamen werden Namen von Funktionsstammverbindungen (s. S. 81f.) durch Fettdruck hervorgehoben. Bei allen anderen aufgeführten Verbindungen ist keine weitere Substitution erlaubt, wenn sie nicht durch einen entsprechenden Vermerk für bestimmte Fälle zugelassen wird.

Tabelle 13:   Hydroxyverbindungen und davon abgeleitete Verbindungen und Gruppen

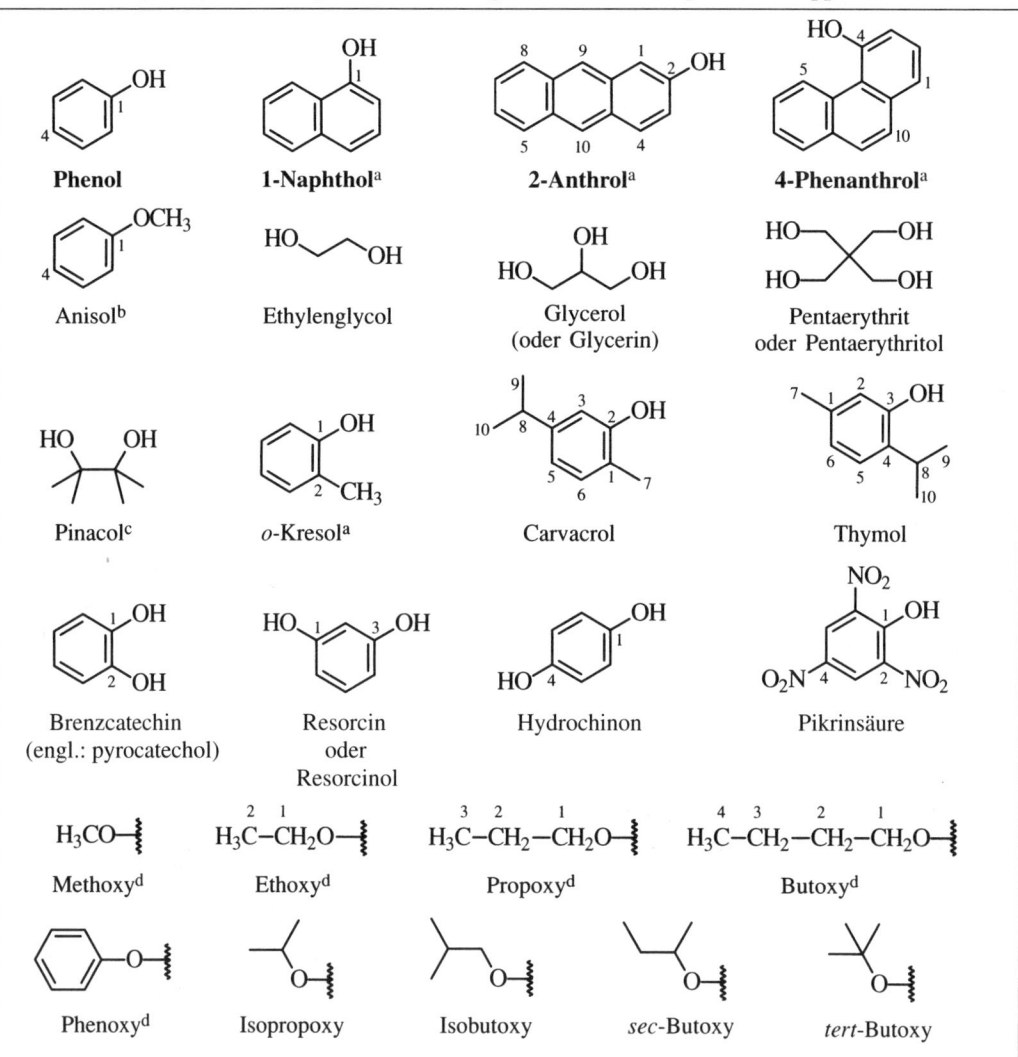

[a]   Dieser Name gilt mit entsprechendem Lokanten auch für die anderen Isomere.
[b]   Als Präfix genannte Substituenten am Ring sind mit Ausnahme von Methoxy erlaubt.
[c]   Pinacol ist auch als Klassenname für tetrasubstituierte Ethylenglycole verwendet worden.
[d]   Diese Substituentengruppen dürfen uneingeschränkt weitersubstituiert werden. Analog wird auch die Kurzform Acetoxy für Acetyloxy verwendet.

Tabelle 14:   Carbonylverbindungen und davon abgeleitete Substituenten

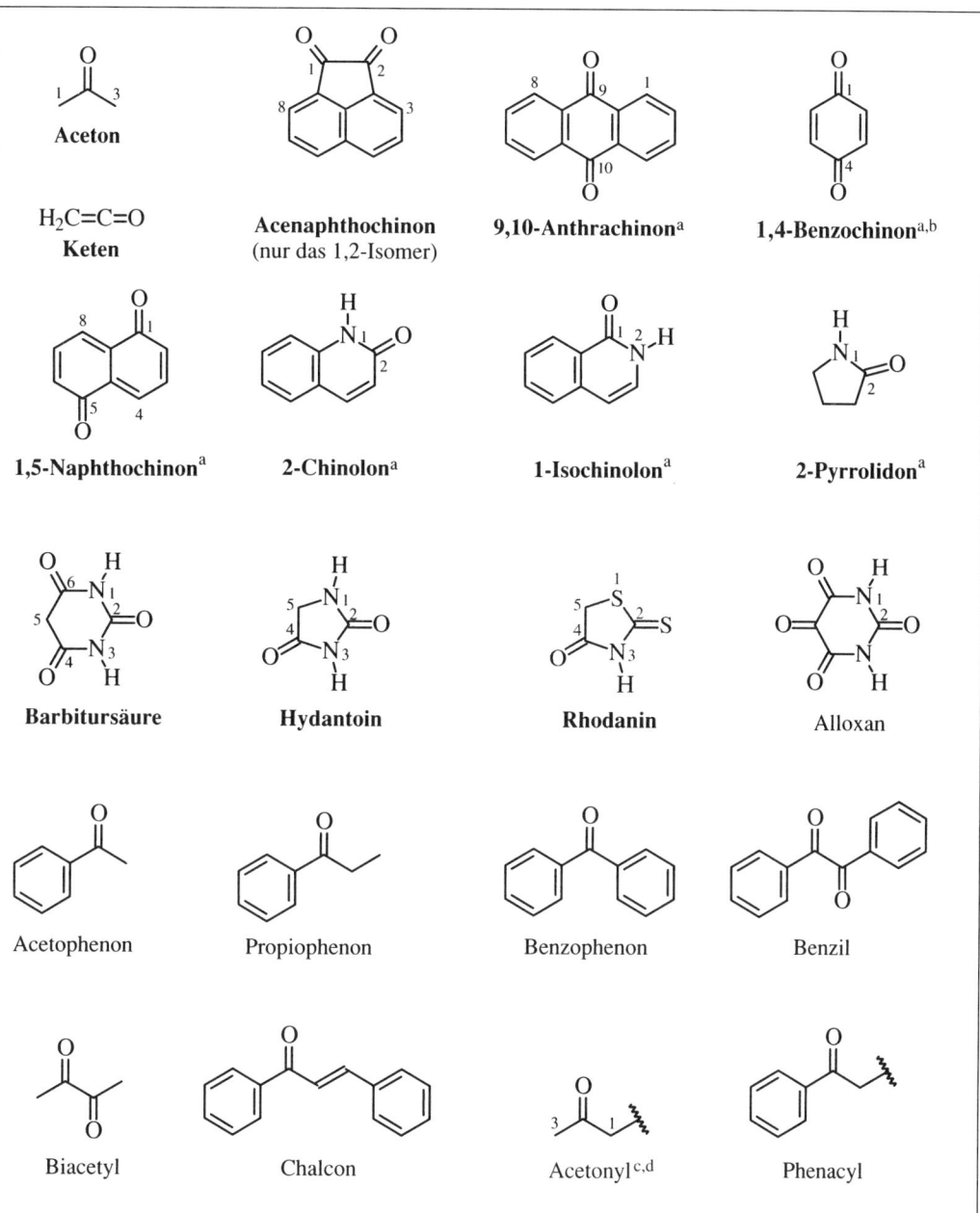

Aceton

$H_2C=C=O$
Keten

Acenaphthochinon
(nur das 1,2-Isomer)

9,10-Anthrachinon[a]

1,4-Benzochinon[a,b]

1,5-Naphthochinon[a]

2-Chinolon[a]

1-Isochinolon[a]

2-Pyrrolidon[a]

Barbitursäure

Hydantoin

Rhodanin

Alloxan

Acetophenon

Propiophenon

Benzophenon

Benzil

Biacetyl

Chalcon

Acetonyl[c,d]

Phenacyl

---

[a]   Dieser Name gilt mit entsprechendem Lokanten auch für die anderen Isomere.

[b]   Der Name dieser Verbindung sollte nicht zu Chinon verkürzt werden, da Chinon der Klassenname für Verbindungen ist, die durch Einführen von zwei Oxogruppen unter Ersatz einer Doppelbindung in eine aromatische Verbindung entstehen.

[c]   Diese Substituentengruppe darf weitersubstituiert werden.

[d]   Ausnahme von der Grundregel, daß ein Name nur ein Suffix haben darf.

Tabelle 15: Säuren und davon abgeleitete Verbindungen und Gruppen*

Formel	Name der Säure	Trivialstamm
H—COOH	Ameisensäure	Form[a,b]
$\overset{2}{H_3C}$—$\overset{1}{COOH}$	**Essigsäure**	Acet[a]
H₃C—CH₂—COOH	Propionsäure	Propion[a]
H₃C—CH₂—CH₂—COOH	Buttersäure	Butyr[a]
H₃C—CH(CH₃)—COOH	Isobuttersäure	Isobutyr[a]
H₃C—[CH₂]₁₄—COOH	Palmitinsäure	Palmit
H₃C—[CH₂]₁₆—COOH	Stearinsäure	Stear
$\overset{3}{H_2C}$=$\overset{2}{CH}$—$\overset{1}{COOH}$	**Acrylsäure**	Acryl[c]
H₂C=C(CH₃)—COOH	Methacrylsäure	Methacryl[c]
HC≡C—COOH	Propiolsäure	Propiol
H₃C—[CH₂]₇—CH=CH—[CH₂]₇—COOH	Ölsäure[d]	Ole
HOOC—COOH	Oxalsäure	Oxal[a,e]
$\overset{1}{HOOC}$—$\overset{2}{CH_2}$—$\overset{3}{COOH}$	**Malonsäure**	Malon[a,f]
$\overset{1}{HOOC}$—$\overset{2}{CH_2}$—$\overset{3}{CH_2}$—$\overset{4}{COOH}$	**Bernsteinsäure**	Succin[a]
HOOC—[CH₂]₃—COOH	Glutarsäure	Glutar[a]
HOOC—[CH₂]₄—COOH	Adipinsäure	Adip
HOOC—CH=CH—COOH (cis)	**Maleinsäure**[d]	Male
HOOC—CH=CH—COOH (trans)	**Fumarsäure**[d]	Fumar

Tabelle 15: Säuren und davon abgeleitete Verbindungen und Gruppen* (Fortsetzung)

Formel	Name der Säure	Trivialstamm
4 ⬡ 1 —COOH	**Benzoesäure**	Benz[g]
COOH (8, 1, 2) Naphthalin	**1-Naphthoesäure**[h]	Naphth[g]
1 O 3 —COOH Furan	**3-Furoesäure**[h]	Fur[g]
1 N 3 —COOH Pyridin	**Nicotinsäure**	Nicotin
1 N 4 —COOH Pyridin	**Isonicotinsäure**	Isonicotin
1 COOH 2 COOH	**Phthalsäure**	Phthal
HOOC 1 3 COOH	**Isophthalsäure**	Isophthal
HOOC—1 ⬡ 4—COOH	**Terephthalsäure**	Terephthal
⬡ /=\ —COOH	Zimtsäure[d]	Cinnam[d,i]
$HO-CH_2-COOH$	Glycolsäure	Glycol
$\overset{O}{\underset{H}{=}}C-COOH$	Glyoxylsäure	Glyoxyl[j]
$\overset{OH}{H_3C-\overset{\mid}{C}H-COOH}$	Milchsäure	Lact
$\overset{OH}{HO-CH_2-\overset{\mid}{C}H-COOH}$	Glycerinsäure	Glycer

Tabelle 15: Säuren und davon abgeleitete Verbindungen und Gruppen* (Fortsetzung)

Formel	Name der Säure	Trivialstamm
$\underset{\displaystyle HOOC-CH-CH-COOH}{\overset{\displaystyle OH\quad OH}{}}$	Weinsäure	Tartar[g]
$\underset{\displaystyle \overset{\displaystyle \quad COOH}{HOOC-CH_2-C-CH_2-COOH}}{\overset{\displaystyle OH}{}}$	Citronensäure[g]	
$\underset{\displaystyle H_3C-C-COOH}{\overset{\displaystyle O}{}}$	Brenztraubensäure	Pyruv[k]
$\underset{\displaystyle H_3C-C-CH_2-COOH}{\overset{\displaystyle O}{}}$	Acetoessigsäure	Acetoacet[a]
Benzilsäure (OH, COOH am C mit zwei Phenylgruppen)	Benzilsäure	Benzil
Anthranilsäure (Benzolring mit 1-COOH und 2-NH₂)	Anthranilsäure	Anthranil
$H_2N-\underset{4}{}\bigcirc\underset{1}{}\underset{\displaystyle O}{\overset{\displaystyle O}{S}}-OH$	**Sulfanilsäure**[j]	
$\underset{\displaystyle HOOC-CH_2}{\overset{\displaystyle HOOC-CH_2}{}}N-CH_2-CH_2-N\underset{\displaystyle CH_2-COOH}{\overset{\displaystyle CH_2-COOH}{}}$	Ethylendiamintetraessigsäure	
$H_2N-COOH$	**Carbamidsäure**	Carbam[m]
$\underset{\displaystyle H_2N-C-COOH}{\overset{\displaystyle O}{}}$	**Oxamidsäure**	
$\underset{\displaystyle H-C-OOH}{\overset{\displaystyle O}{}}$	Perameisensäure	
$\underset{\displaystyle H_3C-C-OOH}{\overset{\displaystyle O}{}}$	Peressigsäure	
$\bigcirc-\underset{\displaystyle H-C-OOH}{\overset{\displaystyle O}{C}}-OOH$	Perbenzoesäure	

Tabelle 15: Säuren und davon abgeleitete Verbindungen und Gruppen* (Fortsetzung)

Mesyl[n]   Tosyl[n]

* Der Ersatz von Wasserstoff am Sauerstoffatom der Carboxygruppe wird als Derivatisierung und nicht als Substitution betrachtet und ist generell erlaubt, auch wenn kein besonderer Hinweis gegeben wird.

Die Namen von diesen Säuren abgeleiteter Gruppen und verwandter Verbindungen werden wie folgt gebildet, wobei jeweils alle Säuregruppen entsprechend umgewandelt werden.

Für Namen der Anionen wird die Endung -at an den Trivialstamm angefügt. Ausnahmen [b, g, n]

Die Namen der Acylreste werden durch Anfügen der Endung -oyl an den Trivialstamm gebildet. Ausnahmen [a]

Die Namen der Amide und der entsprechenden Aldehyde werden durch Anfügen der Endungen -amid bzw. -aldehyd an den Trivialstamm gebildet. Ausnahmen [e, i, j, l, m]

Die Namen von Nitrilen und Hydraziden werden gebildet, indem die Endungen -onitril bzw. -ohydrazid an den Trivialstamm angefügt werden. Ausnahmen [b, c, e, k, m]

Namen von Imiden der Dicarbonsäuren entstehen durch Anfügen der Endung -imid an den Trivialstamm.

[a] Der Name des Acylrestes wird durch Anfügen der Endung -yl an den Trivialstamm gebildet.

[b] Das Anion heißt Formiat (engl.: formate). Ein Nitril wird von diesem Stamm nicht abgeleitet; die entsprechende Verbindung heißt Blausäure.

[c] Die analogen Nitrile heißen im Deutschen Acrylnitril und Methacrylnitril.

[d] Der Name gilt nur für das abgebildete Isomer.

[e] Das von Oxalsäure abgeleitete Amid heißt Oxamid, der analoge Aldehyd Glyoxal, das Nitril gewöhnlich Dicyan.

[f] Die im Deutschen häufige Verkürzung des Namens des abgeleiteten Nitrils von Malononitril zu Malonitril sollte vermieden werden.

[g] Die Anionen heißen Benzoat, Naphthoat, Furoat, Tartrat bzw. Citrat.

[h] Dieser Name gilt mit entsprechendem Lokanten auch für das 2-Isomer.

[i] Der abgeleitete Name für den Aldehyd, Cinnamaldehyd, ist im Deutschen nicht gebräuchlich. Zimtaldehyd wird bevorzugt.

[j] Der abgeleitete Aldehyd heißt Glyoxal (vgl. auch [e]), das entsprechende Nitril auch Formylcyanid.

[k] Für das abgeleitete Nitril ist neben Pyruvonitril auch der Name Acetylcyanid gebräuchlich.

[l] Das Amid heißt Sulfanilamid (INN).

[m] Ein Aldehyd, ein Nitril, ein Amid und ein Hydrazid werden von diesem Stamm nicht abgeleitet. Die entsprechenden Verbindungen heißen Formamid, Cyanamid, Harnstoff bzw. Semicarbazid.

[n] Die Namen der Säuren, von denen diese Acylreste abgeleitet sind, werden systematisch gebildet und lauten Methansulfonsäure bzw. 4-Methylbenzensulfonsäure. Für die Anionen dieser Säuren werden neben den systematischen Namen bevorzugt die Kurzformen Mesylat bzw. Tosylat verwendet.

Tabelle 16: Amine und davon abgeleitete Substituenten

Anilin	*m*-Toluidin[a]	**Benzidin**
Anilino[b]	*m*-Toluidino[a]	Benzidino[b]

[a] Auch *o*- und *p*-Isomere.
[b] Diese Substituentengruppe darf uneingeschränkt weitersubstituiert werden.

Tabelle 17: Derivate der Kohlensäure und Formazan

$H_2N-N=CH-N=NH$	$H_2N-COOH$	$H_2N-\overset{O}{\overset{\|}{C}}-NH_2$	$H_2N-\overset{OH}{\overset{\|}{C}}=NH$
Formazan	**Carbamidsäure**	**Harnstoff**[a] (engl.: urea)	**Isoharnstoff**[b]
Biuret	**Triuret**[c]	**Guanidin**	**Biguanid**
Triguanid[c]	**Carbodiimid** HN=C=NH	**Semicarbazid**[a]	**Carbonohydrazid** (früher Carbazid)
Carbazon	**Carbodiazon**	**Allophansäure**	**Hydantoinsäure**

Tabelle 17: Derivate der Kohlensäure und Formazan (Fortsetzung)

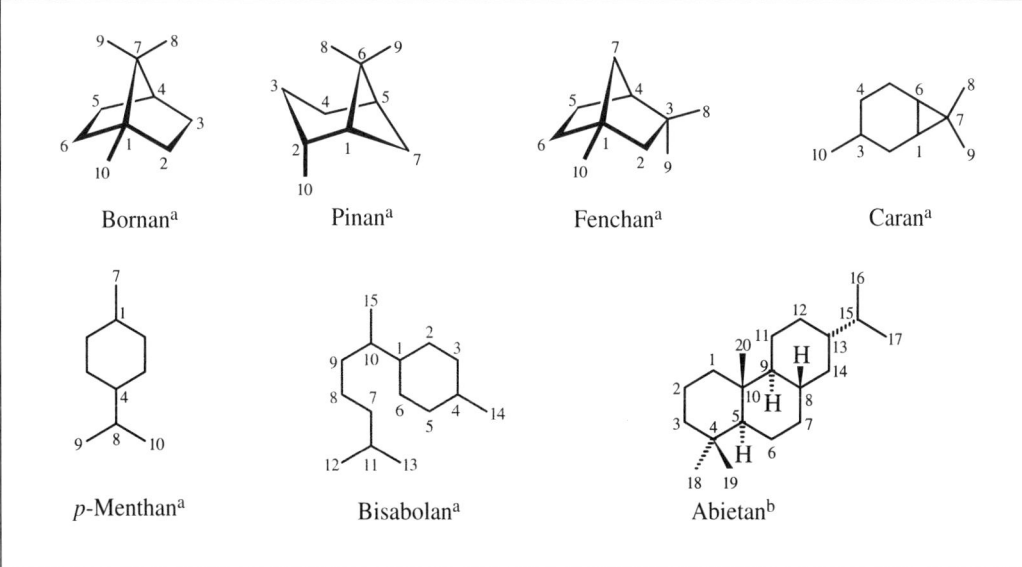

Thiurammonosulfid   Thiuramdisulfid   Phosgen[a]   Thiophosgen

Ureido[d]   Ureylen[d]   Guanidino[d]   Carbazono[d]

Semicarbazido[d]   Allophanyl[d]   Hydantoyl[d]

[a] Namen der Chalkogenanaloga werden durch Voranstellen der Präfixe Thio-, Seleno- bzw. Telluro- gebildet.
[b] Namen der Chalkogenanaloga werden durch Einschieben der Präfixe thio-, seleno- bzw. telluro- nach dem Präfix Iso- gebildet.
[c] Namen höherer Homologer werden durch Verwenden eines entsprechenden multiplikativen Präfixes gebildet. Die Bezifferung erfolgt dann analog.
[d] Diese Substituentengruppen dürfen uneingeschränkt weitersubstituiert werden.

Tabelle 18: Ausgewählte Terpenoide

Bornan[a]   Pinan[a]   Fenchan[a]   Caran[a]

p-Menthan[a]   Bisabolan[a]   Abietan[b]

[a] Der Name gilt für alle Stereoisomere. Die Konfiguration muß angegeben werden.
[b] Der Name gilt nur für das abgebildete Isomer.

Tabelle 19: Die wichtigsten Aminosäuren mit ihren Abkürzungen*

Alanin (Ala, A)   β-Alanin (βAla)   Arginin (Arg, R)   Asparagin (Asn, N)

Asparaginsäure (Asp, D)   Cystein (Cys, C)   Cystin   Glutamin (Gln, Q)

Glutaminsäure (Glu, E)   Glycin (Gly, G) (früher Glykokoll)   Histidin (His, H)   Isoleucin[a] (Ile, I)

Leucin (Leu, L)   Lysin (Lys, K)   Methionin (Met, M)   Ornithin (Orn)

Phenylalanin (Phe, F)   Prolin (Pro, P)   Serin (Ser, S)   Threonin[b] (Thr, T)

Tryptophan (Trp, W)   Tyrosin (Tyr, Y)   Valin (Val, V)

---

* Bei Verwendung dieser Namen ohne Stereodeskriptor wird im Falle chiraler Aminosäuren gewöhnlich L-Konfiguration angenommen. Beim Dreibuchstabenkürzel muß die Konfiguration angegeben werden, wenn nicht L-Konfiguration vorliegt. Die Einbuchstabenkürzel sind nur für Proteinsequenzen erlaubt, die ausschließlich L-Aminosäuren enthalten.

[a] L-Isoleucin hat S,S-Konfiguration. Die Diastereomere heißen L-Alloisoleucin bzw. D-Alloisoleucin.

[b] Zur Stereostruktur vgl. S. 122. Die Diastereomere heißen Allothreonin.

Tabelle 20: Nucleobasen und verwandte Verbindungen

| Cytosin | Uracil | Thymin |

| 9*H*-Purin | Adenin | Guanin |

| Hypoxanthin | Xanthin | Harnsäure |

Tabelle 21: Trivialnamen, deren Verwendung nicht mehr empfohlen wird

Aceanthren	1,2-Dihydroaceanthrylen
Acenaphthen	1,2-Dihydroacenaphthylen
Acephenanthren	4,5-Dihydroacephenanthrylen
Acetanhydrid	Essigsäureanhydrid
Acrolein	Acrylaldehyd, Prop-2-enal
Ammelid	6-Amino-1,3,5-triazin-2,4-diol
Ammelin	4,6-Diamino-1,3,5-triazin-2-ol
Amylalkohol	Pentanol (alle Isomere)
Anethol	4-(Prop-1-en-1-yl)anisol
Angelicasäure	(Z)-2-Methylbut-2-ensäure
Anisidin	Methoxyanilin
Anissäure	Methoxybenzoesäure
Äpfelsäure	2-Hydroxybernsteinsäure,
	2-Hydroxybutandisäure
Arachidinsäure	Icosansäure
Arachidonsäure	(5Z,8Z,11Z,14Z)-Icosa-
	5,8,11,14-tetraensäure
Arachinsäure	Icosansäure
Atropasäure	2-Phenylacrylsäure,
	2-Phenylpropensäure
Azelainsäure	Nonandisäure
Benzal-	Benzyliden-
Benzoin	2-Hydroxy-1,2-diphenylethanon
Benzotrichlorid	(Trichlormethyl)benzen
Brassylsäure	Tridecandisäure
sec-Butanol	Butan-2-ol
tert-Butanol	2-Methylpropan-2-ol
Butyrophenon	1-Phenylbutan-1-on
Camphan	Bornan
Camphersäure	1,2,2-Trimethylcyclopentan-
	1,3-dicarbonsäure
Caprinsäure	Decansäure
ε-Caprolactam	Azepan-2-on,
	Hexano-6-lactam
Capronsäure	Hexansäure
Caprylsäure	Octansäure
Carbazid	Carbonohydrazid
Carbostyril	1,2-Dihydrochinolin-2-on,
	2-Chinolon
Cetyl-	Hexadecyl-
Cetylalkohol	Hexadecan-1-ol
Chinaldin	2-Methylchinolin
Chinaldinsäure	Chinolin-2-carbonsäure
Chinolinsäure	Pyridin-2,3-dicarbonsäure

Chloropren	2-Chlorbuta-1,3-dien
Cholanthren	1,2-Dihydro-
	cyclopenta[ij]tetraphen
Cinchoninsäure	Chinolin-4-carbonsäure
Citraconsäure	Methylmaleinsäure
	(Z)-2-Methylbutendisäure
Colamin	2-Aminoethanol
Collidin	Trimethylpyridin
Coniferylalkohol	4-(3-Hydroxyprop-1-en-1-yl)-
	2-methoxyphenol
Crotonsäure	(E)-But-2-ensäure
Cumarin	2H-Chromen-2-on
Cumaron	1-Benzofuran
Cyanursäure	1,3,5-Triazin-2,4,6-triol
Dansyl-	5-(Dimethylamino)naphthalen-
	1-sulfonyl-
Decalin	Decahydronaphthalen,
	(Perhydronaphthalen)
Desoxybenzoin	1,2-Diphenylethanon
Dimedon	5,5-Dimethylcyclohexan-
	1,3-dion
Elaidinsäure	(E)-Octadec-9-ensäure
Elainsäure	Ölsäure,
	(Z)-Octadec-9-ensäure
Epichlorhydrin	(Chlormethyl)oxiran
Ethylenoxid	Oxiran
Eugenol	4-Allyl-2-methoxyphenol
Ferulasäure	3-(4-Hydroxy-
	3-methoxyphenyl)acrylsäure
Furazan	1,2,5-Oxadiazol
Furfural	2-Furaldehyd
	(Furan-2-carbaldehyd)
Furfurol	2-Furaldehyd
	(Furan-2-carbaldehyd)
Gallussäure	3,4,5-Trihydroxybenzoesäure
Glykokoll	Glycin
Gramin	(Indol-3-yl)-N,N-dimethyl-
	methanamin
Guajacol	2-Methoxyphenol
Hippursäure	N-Benzoylglycin
Hydratropasäure	2-Phenylpropansäure

Tabelle 21: Trivialnamen, deren Verwendung nicht mehr empfohlen wird (Fortsetzung)

Imidazolin	Dihydroimidazol	Mevalonsäure	3,5-Dihydroxy-3-methyl-pentansäure
Isatin	Indolin-2,3-dion		
Isobutanol	2-Methylpropan-1-ol	Muconsäure	Hexa-2,4-diendisäure
Isocrotonsäure	(Z)-But-2-ensäure	Myristinsäure	Tetradecansäure
Isocumarin	Isochromen-1-on		
Isooctan	2,2,4-Trimethylpentan	Naphthacen	Tetracen
Isooctanol	6-Methylheptan-1-ol	Naphthoresorcin	Naphthalen-1,3-diol
Isooctyl-	2-Ethylhexyl-	Nipecotinsäure	Piperidin-3-carbonsäure
Isooctyl-	6-Methylheptyl-	Norbornan	Bicyclo[2.2.1]heptan,
Isopropanol	Propan-2-ol		8,9,10-Trinorbornan
Isothiazolin	Dihydro-1,2-thiazol	Norbornen	Bicyclo[2.2.1]hept-2-en
	(oder Dihydroisothiazol)	Norcaran	Bicyclo[4.1.0]heptan
Isovaleriansäure	3-Methylbutansäure	Norpinan	Bicyclo[3.1.1]heptan
Isoxazolin	Dihydro-1,2-oxazol		
	(oder Dihydroisoxazol)	Oenanthsäure	Heptansäure
		Oleinsäure	Ölsäure,
Kaffeesäure	3-(3,4-Dihydroxyphenyl)-acrylsäure		(Z)-Octadec-9-ensäure
Karbolsäure	Phenol	Oleyl-	(Z)-Octadec-9-en-1-yl-
Kollidin	Trimethylpyridin	Orcin	5-Methylbenzen-1,3-diol
Korksäure	Octandisäure	Oxazol	1,3-Oxazol
		Oxazolin	Dihydro-1,3-oxazol
Laurinsäure	Dodecansäure	Oxin	Chinolin-8-ol
Lävulinsäure	4-Oxopentansäure	Oxin	Pyran
Lepidin	4-Methylchinolin		
Linolensäure	(9Z,12Z,15Z)-Octadeca-9,12,15-triensäure	Palmitoleinsäure	(Z)-Hexadec-9-ensäure
		Pelargonsäure	Nonansäure
Linolsäure	(9Z,12Z)-Octadeca-9,12-diensäure	Phenetidin	Ethoxyanilin
		Phenetol	Ethoxybenzen
Lutidin	Dimethylpyridin	Phenylsenföl	Isothiocyanatobenzen
		Phloroglucin	Benzen-1,3,5-triol
Malat	2-Hydroxysuccinat, 2-Hydroxybutandioat	Phloroglucinol	Benzen-1,3,5-triol
		Phthalid	1,3-Dihydro-2-benzofuran-1-on
Mandelsäure	2-Hydroxy-2-phenylessigsäure, Hydroxy(phenyl)essigsäure	Picolin	Methylpyridin
		Picolinsäure	Pyridin-2-carbonsäure
Margarinsäure	Heptadecansäure	Pimelinsäure	Heptandisäure
Melamin	1,3,5-Triazin-2,4,6-triamin	Pinacolin	3,3-Dimethylbutanon
Meldrumsäure	2,2-Dimethyl-1,3-dioxan-4,6-dion	Pinacolon	3,3-Dimethylbutanon
		Pinakon	Pinacol
Mercapto-	Sulfanyl-	Pipecolin	2-Methylpiperidin
Mesaconsäure	Methylfumarsäure, (E)-2-Methylbutendisäure	Pipecolinsäure	Piperidin-2-carbonsäure
		Piperonal	1,3-Benzodioxol-5-carbaldehyd
Mescalin	2-(3,4,5-Trimethoxyphenyl)-ethanamin		
		Piperonylsäure	1,3-Benzodioxol-5-carbonsäure
Mesityloxid	4-Methylpent-3-en-2-on	Pivalinsäure	2,2-Dimethylpropansäure
		Prenyl-	3-Methylbut-2-en-1-yl-

Tabelle 21: Trivialnamen, deren Verwendung nicht mehr empfohlen wird (Fortsetzung)

Propargyl-	Prop-2-inyl-	Thenoesäure	Thiophencarbonsäure
Protocatechusäure	3,4-Dihydroxybenzoesäure	Thianaphthen	1-Benzothiophen
Putrescin	Butan-1,4-diamin	Thiazol	1,3-Thiazol
Pyrazolin	Dihydropyrazol	Thiazolin	Dihydro-1,3-thiazol
Pyrogallol	Benzen-1,2,3-triol	Thioglycolsäure	Hydroxythioessigsäure
α-Pyron	2H-Pyran-2-on	Thioglycolsäure	Sulfanylessigsäure
γ-Pyron	4H-Pyran-4-on	Tiglinsäure	(E)-2-Methylbut-2-ensäure
Pyrrolin	Dihydropyrrol	p-Toluolsulfon-säure	4-Methylbenzensulfonsäure
Salicylsäure	2-Hydroxybenzoesäure	Toluylsäure	Methylbenzoesäure
Sarcosin	N-Methylglycin	Tolylsäure	Methylbenzoesäure
Sebacinsäure	Decandisäure	as-Triazin	1,2,4-Triazin
Skatol	3-Methylindol	s-Triazin	1,3,5-Triazin
Sorbinsäure	(2E,4E)-Hexa-2,4-diensäure	Tropasäure	3-Hydroxy-2-phenyl-propansäure
Styphninsäure	2,4,6-Trinitrobenzen-1,3-diol		
Suberinsäure	Octandisäure		
Suberon	Cycloheptanon	Urethan	Ethylcarbamat
Sulfolan	Thiolan-1,1-dioxid, 1,1-Dioxo-1λ^6-thiolan		
Sulfolen	Dihydrothiophen-1,1-dioxid 1,1-Dioxodihydro-1H-1λ^6-thiophen	Valeriansäure	Pentansäure
		Vanillin	4-Hydroxy-3-methoxy-benzaldehyd
Tartronsäure	Hydroxymalonsäure (Hydroxypropandisäure)	Vanillinsäure	4-Hydroxy-3-methoxy-benzoesäure
Taurin	2-Aminoethansulfonsäure	Veratrol	1,2-Dimethoxybenzen
Tetralin	1,2,3,4-Tetrahydronaphthalen	Veratrumsäure	3,4-Dimethoxybenzoesäure
α-Tetralon	1,2,3,4-Tetrahydro-naphthalen-1-on		
		Xylenol	Dimethylphenol
Thapsiasäure	Hexadecandisäure	Xylidin	Dimethylanilin

Tabelle 22: **In der Literatur häufiger verwendete Abkürzungen für chemische Verbindungen und ihre Bedeutung***

AIBN	2,2'-Dimethyl-2,2'-diazendiyl-dipropannitril	HMPA	Hexamethylphosphorsäure-triamid
		HMPT	Hexamethylphosphorsäure-triamid
BCNU	1,3-Bis(2-chlorethyl)-1-nitrosoharnstoff (INN: Carmustin)	HOBt	1*H*-Benzotriazol-1-ol
		INH	Isonicotinohydrazid (INN: Isoniazid)
DABCO®	1,4-Diazabicyclo[2.2.2]octan		
DAN	Naphthalen-2,3-diamin	MBT	1,3-Benzothiazol-2-thiol
DBU	1,8-Diazabicyclo[5.4.0]un-dec-7-en, 2,3,4,6,7,8,9,10-Octahydro-pyrimido[1,2-*a*]azepin	MCPBA	3-Chlorperoxybenzoesäure
		MEK	Ethyl-methyl-keton, Butanon
		MMA	Methylmethacrylat
		MOPS	3-Morpholinopropan-1-sulfonsäure
DCC	Dicyclohexylcarbodiimid		
DDC	Natrium-diethyldithiocarbamat (INN: Ditiocarb natrium)	MTBE	*tert*-Butyl-methyl-ether
DDQ	4,5-Dichlor-3,6-dioxocyclo-hexa-1,4-dien-1,2-dicarbonitril	MTPA	3,3,3-Trifluor-2-methoxy-2-phenylpropansäure
		NAME	*N*$^{\omega}$-Nitroargininmethylester
DEAD	Diethyldiazendicarboxylat	NBS	*N*-Bromsuccinimid
DIPT	Diisopropyltartrat	NMDA	*N*-Methyl-D-asparaginsäure
DMAD	Dimethylbutindioat		
DMAP	*N,N*-Dimethylpyridin-4-amin	PAS	4-Amino-2-hydroxybenzoe-säure
DMAP, 4-DMAP	4-(Dimethylamino)phenol		
DME	1,2-Dimethoxyethan	PCP	1-(1-Phenylcyclohexyl)-piperidin (INN: Phencyclidin)
DMEU	1,3-Dimethylimidazolidin-2-on		
DMF	*N,N*-Dimethylformamid	PHB	4-Hydroxybenzoesäure
DMPA®	3-Hydroxy-2-(hydroxy-methyl)-2-methylpropansäure		
DMPA	2,2-Dimethoxy-1,2-diphenyl-ethanon	SDS	Natriumdodecylsulfat
DMPA	*N*-Ethyl-3,4-dimethoxyanilin	TCNE	Ethentetracarbonitril
DMPS	Natrium-2,3-bis(sulfanyl)-propan-1-sulfonat	TCNQ	2,2'-(Cyclohexa-2,5-dien-1,4-diyliden) dimalononitril
DMPU	1,3-Dimethyl-1,3-diazinan-2-on	TEA	Triethylamin
DMS	Dimethylsulfat	TEBA, TEBAC, TEBACl	Benzyltriethylammonium-chlorid
DMSO	Dimethylsulfoxid	TEMED	*N,N,N',N'*-Tetramethylethan-1,2-diamin
DOPA	3-(3,4-Dihydroxyphenyl)-DL-alanin	TEMPO	(2,2,6,6-Tetramethylpiperidin-1-yl)oxyl
DTT	*threo*-1,4-Bis(sulfanyl)butan-2,3-diol, 1,4-Dithiothreitol	TFA	Trifluoressigsäure
		THF	Tetrahydrofuran
EDTA	Ethylendiamintetraessigsäure	TMEDA	*N,N,N',N'*-Tetramethylethan-1,2-diamin
GABA	4-Aminobutansäure	TMS	Tetramethylsilan
		TNT	2,4,6-Trinitrotoluen
HEPES	2-[4-(2-Hydroxyethyl)piper-azin-1-yl]ethansulfonsäure	TRIS	2-Amino-2-(hydroxymethyl)-propan-1,3-diol

* Die Verwendung von Abkürzungen wird nicht empfohlen, ohne sie innerhalb des Schriftstückes zu definieren, auch wenn manche Abkürzungen durch häufigen Gebrauch schon beinahe den Status eines Trivialnamens haben.

Tabelle 23: a-Terme für Heteroatome in der Reihenfolge abnehmender Priorität

Element	n*	a-Term	Element	n*	a-Term	Element	n*	a-Term
F	1	Fluora	Ni		Nickela	Tb		Terba
Cl	1	Chlora	Pd		Pallada	Dy		Dysprosa
Br	1	Broma	Pt		Platina	Ho		Holma
I	1	Ioda	Co		Cobalta	Er		Erba
At	1	Astata	Rh		Rhoda	Tm		Thula
O	2	Oxa	Ir		Irida	Yb		Ytterba
S	2	Thia	Fe		Ferra	Lu		Luteta
Se	2	Selena	Ru		Ruthena	Ac		Actina
Te	2	Tellura	Os		Osma	Th		Thora
Po	2	Polona	Mn		Mangana	Pa		Protactina
N	3	Aza	Tc		Techneta	U		Urana
P	3	Phospha	Re		Rhena	Np		Neptuna
As	3	Arsa	Cr		Chroma	Pu		Plutona
Sb	3	Stiba	Mo		Molybda	Am		America
Bi	3	Bisma	W		Wolframa[a]	Cm		Cura
C	4	Carba	V		Vanada	Bk		Berkela
Si	4	Sila	Nb		Nioba	Cf		Californa
Ge	4	Germa	Ta		Tantala	Es		Einsteina
Sn	4	Stanna	Ti		Titana	Fm		Ferma
Pb	4	Plumba	Zr		Zircona	Md		Mendeleva
B	3	Bora	Hf		Hafna	No		Nobela
Al	3	Alumina	Sc		Scanda	Lr		Lawrenca
Ga	3	Galla	Y		Yttra	Be	2	Berylla
In	3	Inda	La		Lanthana	Mg	2	Magnesa
Tl	3	Thalla	Ce		Cera	Ca		Calca
Zn	2	Zinca	Pr		Praseodyma	Sr		Stronta
Cd	2	Cadma	Nd		Neodyma	Ba		Bara
Hg	2	Mercura	Pm		Prometa	Ra		Rada
Cu		Cupra	Sm		Samara			
Ag		Argenta	Eu		Europa			
Au		Aura	Gd		Gadolina			

* n = Standardbindungszahl; wo keine Angabe erfolgte, wurde eine Standardbindungszahl noch nicht festgelegt.
  Zur Bedeutung der Standardbindungszahl siehe S. 70.
[a] Auch Tungsta, welches im Englischen (noch) bevorzugt ist.

Literatur

Handbücher der IUPAC-Nomenklatur

[1] International Union of Pure and Applied Chemistry (IUPAC), Organic Chemistry Division, Commission on Nomenclature of Organic Chemistry, J. Rigaudy, S. P. Klesney, Hrsg., *Nomenclature of Organic Chemistry, Sections A, B, C, D, E, F and H, 1979 Edition,* Pergamon Press, Oxford, 1979

[2] International Union of Pure and Applied Chemistry (IUPAC), Organic Chemistry Division, Commission on Nomenclature of Organic Chemistry (III.1), R. Panico, W. H. Powell, Jean-Claude Richer, Hrsg., *A Guide to IUPAC Nomenclature of Organic Compounds, Recommendations 1993,* Blackwell Scientific Publications, Oxford, 1993 (siehe auch [37])

[3] Deutscher Zentralausschuß für Chemie, *Internationale Regeln für die chemische Nomenklatur und Terminologie*

Band 1, Nomenklatur der Organischen Chemie:

a) Gruppe 1 + 2: Abschnitte A + B, Verlag Chemie (VCH), Weinheim, 1975 (unveränderte Nachdrucke 1978, 1987)

b) Gruppe 3: Abschnitt C, VCH Verlagsgesellschaft, Weinheim, 1990, (enthält Ergänzungen und Änderungen zu den Abschnitten A + B)

c) Gruppe 6: Abschnitt F, Naturstoffe, Verlag Chemie (VCH), Weinheim, 1978

[4] Wolfgang Liebscher, Hrsg., *Handbuch zur Anwendung der Nomenklatur organisch-chemischer Verbindungen,* Akademie-Verlag, Berlin, 1979

[5] International Union of Pure and Applied Chemistry (IUPAC), G. Kruse, Hrsg., *Nomenklatur der Organischen Chemie Eine Einführung,* VCH, Weinheim, 1997

[6] International Union of Pure and Applied Chemistry (IUPAC), Commission on the Nomenclature of Inorganic Chemistry, G. J. Leigh, Hrsg., *Nomenclature of Inorganic Chemistry, Recommendations 1990,* Blackwell Scientific Publications, Oxford, 1990, 2. korr. Nachdruck 1992

[7] International Union of Pure and Applied Chemistry, J. A. McCleverty, N. G. Connelly, Hrsg., *Nomenclature of Inorganic Chemistry II,* The Royal Society of Chemistry, 2001

[8] International Union of Pure and Applied Chemistry (IUPAC), W. Liebscher, Hrsg., *Nomenklatur der Anorganischen Chemie, Deutsche Fassung,* VCH, Weinheim, 1994 (gebunden), 1995 (Paperback mit Korrekturen)

[9] G. J. Leigh, H. A. Favre, W. V. Metanomski, *Principles of Chemical Nomenclature, A Guide to IUPAC Recommendations,* Blackwell Science, Oxford, 1998

[10] International Union of Biochemistry and Molecular Biology, Claude Liébecq, Hrsg., *Biochemical nomenclature and related documents, a compendium,* Portland Press, London, 2. Auflage, 1992

[11] International Union of Pure and Applied Chemistry, Alan D. McNaught, Andrew Wilkinson, Hrsg., *Compendium of Chemical Terminology,* Blackwell Science, Oxford, 2. Auflage, 1997

Veröffentlichungen der IUPAC in Zeitschriften

[12] *Nomenclature of Cyclitols,* Pure Appl. Chem., **37**, 283 – 297 (1974)

[13] *Nomenclature of Tocopherols and related Compounds (Recommendations 1981),* Pure Appl. Chem., **54**(8), 1507 – 1510 (1982); Eur. J. Biochem., **123**, 473 – 475 (1982)

[14] *Revision of the Extended Hantzsch-Widman System of Nomenclature for Heteromonocycles,* Pure Appl. Chem., **55**, 409 – 416 (1983)

[15] *Nomenclature and Symbolism for Amino Acids and Peptides (Recommendations 1983),* Pure Appl. Chem., **56**(5), 595 – 624 (1984); Eur. J. Biochem., **138**, 9 – 37 (1984)

[16] *Treatment of Variable Valence in Organic Nomenclature (Lambda-Convention) (Recommendations 1983),* Pure Appl. Chem., **56**, 769 – 778 (1984)

[17] *Extension of Rules A-1.1 and A-2.5 concerning numerical terms used in organic chemical nomenclature (Recommendations 1986),* Pure Appl. Chem., **58**, 1693 – 1696 (1986)

[18] *Nomenclature for hydrogen atoms, ions, and groups, and reactions involving them (Recommendations 1988),* Pure Appl. Chem., **60**, 1115 – 1116 (1988)

[19] *Nomenclature for Cyclic Organic Compounds with Contiguous Formal Double Bonds (The δ-Convention) (Recommendations 1988),* Pure Appl. Chem., **60**, 1395 – 1401 (1988)

[20] *Nomenclature of Steroids (Recommendations 1989),* Pure Appl. Chem., **61**(10), 1783 – 1822 (1989); Eur. J. Biochem., **186**, 429 – 458 (1989)

[21] *Revised Nomenclature for Radicals, Ions, Radical Ions and Related Species (IUPAC Recommendations 1993),* Pure Appl. Chem., **65**, 1357 – 1455 (1993)

[22] *Glossary of Terms Used in Physical Organic Chemistry,* Pure Appl. Chem., **66**(5), 1077 – 1184 (1994)

[23] *Glossary of Class Names of Organic Compounds and Reactive Intermediates Based on Structure,* Pure Appl. Chem., **67**(8/9), 1307 – 1375 (1995)

[24] *Nomenclature of Carbohydrates,* Pure Appl. Chem., **68**(10), 1919 – 2008 (1996)

[25] *Basic Terminology of Stereochemistry,* Pure Appl. Chem., **68**(12), 2193 – 2222 (1996)

[26] James G. Traynham, *Summary Minutes of the* [1995 – Anm. d. Autors] *meeting of the IUPAC Commission on Nomenclature of Organic Chemistry (III.1),* Chem. Intl., **18**(2), 58 – 59 (1996)

[27] *Nomenclature of fullerenes: A preliminary survey,* Pure Appl. Chem., **69**(7), 1411 – 1434 (1997)

[28] *Nomenclature of inorganic chain and ring compounds (IUPAC Recommendations 1997),* Pure Appl. Chem., **69**(8), 1659 – 1692 (1997)

[29] *Names and Symbols of Transfermium Elements (IUPAC Recommendations 1997),* Pure Appl. Chem., **69**(12), 2471 – 2473 (1997)

[30] *Nomenclature of Glycolipids,* Pure Appl. Chem., **69**(12), 2475 – 2487 (1997)

[31] *Nomenclature of Fused and Bridged Fused Ring Systems,* Pure Appl. Chem., **70**(1), 143 – 216 (1998)

[32] *Glossary of Terms used in Medicinal Chemistry,* Pure Appl. Chem., **70**(5), 1129 – 1143 (1998)

[33] *Phane Nomenclature, Part I: Phane Parent Names,* Pure Appl. Chem., **70**(8), 1513 – 1545 (1998)

[34] *Extension and Revision of the von Baeyer System for Naming Polycyclic Compounds (Including Bicyclic Compounds)*, Pure Appl. Chem., **71**(3), 513 – 529 (1999); deutsche Ausgabe, Angew. Chem., im Druck

[35] *Extension and Revision of the Nomenclature for Spiro Compounds*, Pure Appl. Chem., **71**(3), 531 – 558 (1999); deutsche Ausgabe, Angew. Chem., im Druck

[36] *Revised Section F: Natural Products and Related Compounds*, Pure Appl. Chem., **71**(4), 587 – 643 (1999); deutsche Ausgabe, Angew. Chem., im Druck

[37] *Corrections to A Guide to IUPAC Nomenclature of Organic Compounds (IUPAC Recommendations 1993)*, Pure Appl. Chem., **71**(7), 1327 – 1330 (1999)

[38] *Nomenclature of Organometallic Compounds of the Transition Elements*, Pure Appl. Chem., **71**(8), 1557 – 1585 (1999); deutsche Ausgabe, Angew. Chem., im Druck

[39] *Names for inorganic radicals*, Pure Appl. Chem. **72**(3), 437 – 446 (2000); deutsche Ausgabe, Angew. Chem., im Druck

[40] *Nomenclature of lignans and neolignans*, Pure Appl. Chem. **72**(8), 1493 – 1523 (2000); deutsche Ausgabe, Angew. Chem., im Druck

[41] Phane Nomenclature, Part II, in Vorbereitung

**Weitere Literatur
zur chemischen Nomenklatur**

[42] *Naming and Indexing of Chemical Substances for Chemical Abstracts*, A reprint of Appendix IV (Chemical Substance Index Names) from the Chemical Abstracts 1997 Index Guide, American Chemical Society, 1997

[43] *Chemical Abstracts Index Guide 1999*, American Chemical Society, 1999 (Diese Ausgabe weist gegenüber früheren Ausgaben erhebliche Änderungen bei den stereochemischen Bezeichnungen auf.)

[44] Friedo Giese, *Beilstein's Index, Trivial Names in Systematic Nomenclature of Organic Chemistry*, Springer-Verlag, Berlin, Heidelberg, 1986

[45] Dieter Hellwinkel, *Die systematische Nomenklatur der Organischen Chemie, Eine Gebrauchsanweisung*, 4. Auflage, Springer-Verlag, Berlin, Heidelberg, 1998

[46] Philipp Fresenius, Klaus Görlitzer, *Organisch-chemische Nomenklatur, Grundlagen, Regeln, Beispiele*, 4. Auflage, Wissenschaftliche Verlagsgesellschaft, Stuttgart, 1998

[47] Wolfgang Liebscher, Ekkehard Fluck, *Die systematische Nomenklatur der anorganischen Chemie*, Springer-Verlag, Berlin, Heidelberg, 1999

[48] Hans Reimlinger, *Nomenklatur Organisch-Chemischer Verbindungen*, Walter de Gruyter, Berlin, 1997

[49] Ute Kern, Diethart Reichel, Reinhold Reinmöller, *Nomenklatur in der Organischen Chemie*, 2. Auflage, Leuchtturm-Verlag, Alsbach, 1990

[50] Wolfgang Holland, *Die Nomenklatur in der Organischen Chemie*, 2. Auflage, Verlag Harri Deutsch, Zürich, Frankfurt, 1973

[51] Herbert Bartsch, *Die systematische Nomenklatur organischer Arzneistoffe*, Springer-Verlag, Wien, New York, 1998

[52] Karl-Heinz Hellwich, *Grundregeln der chemischen Nomenklatur*

    a) CLB Chem. Lab. Biotech., **49**(5), M34 – M35 (1998)

b) CLB Chem. Lab. Biotech., **49**(6), M44 – M45 (1998)

c) CLB Chem. Lab. Biotech., **49**(8), M61 – M63 (1998)

[53] Bernard Testa, *Grundlagen der Organischen Stereochemie*, VCH, Weinheim, 1983

[54] Karl-Heinz-Hellwich, *Stereochemie – Grundbegriffe*, Springer-Verlag, Berlin, Heidelberg, 2001

[55] R. S. Cahn, Sir Christopher Ingold, V. Prelog, *Spezifikation der molekularen Chiralität*, Angew. Chem., **78**, 413 – 447 (1966)

[56] Vladimir Prelog, Günter Helmchen, *Grundlagen des CIP-Systems und Vorschläge für eine Revision*, Angew. Chem., **94**, 614 – 631 (1982)

[57] FIZ Chemie Berlin, Hrsg., *Dictionary of Common Names, Trivialnamen-Handbuch*, 2., stark erweiterte Auflage, 5 Bände, Wiley-VCH, Weinheim, 2001

[58] Martin Negwer, Hans-Georg Scharnow, *Organic-Chemical Drugs and Their Synonyms (An International Survey)*, 8. Auflage, Wiley-VCH, Weinheim, 2001

[59] ABDATA Pharma-Daten-Service, Eschborn, Hrsg., *Pharmazeutische Stoffliste*, 13. Auflage, Werbe- und Vertriebsgesellschaft Deutscher Apotheker mbH, Eschborn, 2002

[60] Schweizerischer Apothekerverein, Hrsg., *Index Nominum 2000, International Drug Directory*, 17. Auflage, Medpharm Scientific Publishers, Stuttgart, 2000

[61] Otfried K. Linde, *Pharmazeutische Warenzeichen, Herkunfts- und Bedeutungswörterbuch*, Deutscher Apotheker Verlag, Stuttgart, 1993

[62] Agathe Wehrli, *Über die Bildung Internationaler Kurzbezeichnungen für arzneilich verwendete Substanzen*, Pharm. Ztg., **128**(42), 2314 – 2317 (1983)

[63] Heinrich P. Koch, *Woher kommen die Namen für unsere Arzneimittel?*

a) Österr. Apoth. Ztg., **44**(31/32), 604 – 612 (1990)

b) Österr. Apoth. Ztg., **44**(37), 709 – 712 (1990)

c) Österr. Apoth. Ztg., **44**(44), 851 – 859 (1990)

d) Österr. Apoth. Ztg., **44**(45), 872 – 875 (1990)

e) Österr. Apoth. Ztg., **44**(49), 956 – 961 (1990)

Computerprogramme

AUTONOM, MDL Informationssysteme GmbH, Frankfurt a. M., Version 4.1, 2000

ACD/Name (IUPAC Version), Advanced Chemistry Development Inc., Toronto, Version 5.0, 2001

ACD/Index Name (CAS Version), Advanced Chemistry Development Inc., Toronto, Version 5.0, 2001

ACD/Name to Structure, Advanced Chemistry Development Inc., Toronto, Version 5.0, 2001

IUPACSEARCH, Academic Software, Otley, Yorkshire, Version 4.3, 1997, 1999

GOVI-Trainer Chemische Nomenklatur, Elektronisches Repetitorium, Govi-Verlag, Eschborn, 1999

Die Programme AUTONOM und ACD/Name erzeugen systematische Namen für eingegebene Formeln, das Modul ACD/Name to Structure erzeugt aus einem Namen eine Formel.

IUPACSEARCH ist eine Datenbank der IUPAC-Publikationen.

IUPAC-Publikationen im Internet

Einige der vorgenannten Quellen sind auch über das Internet zugänglich.

http://www.acdlabs.com/iupac/nomenclature
Hier finden sich [2] und Teile von [1] (Sections A, B, C).

http://www.chem.qmul.ac.uk/iupac/
Hier sind unter anderen [11] – [17], [19] – [25], [30] – [37], [40] zu finden.

http://www.iupac.org/reports/index.html
Hier sind unter anderen [29], [36] – [40] zu finden.

Register

Trivialnamen von Verbindungen, die sich im Register nicht finden, suche man auch in Tabelle 21 auf Seite 134ff.